国际儒学联合会教育系列丛书

丛书指导委员会主任　滕文生

总主编　钱逊　执行总主编　于建福　张岂之　李学勤

国际儒学联合会　国家教育行政学院国学教育研究中心　组编

中华传统文化经典诵读

孝经

山东城市出版传媒集团·济南出版社

本书编著　舒大刚

图书在版编目（CIP）数据

孝经 / 舒大刚编著 . — 济南：济南出版社，2018.8
（2023.8 重印）
（中华传统文化经典诵读）
ISBN 978-7-5488-3103-7

Ⅰ . ①孝⋯ Ⅱ . ①舒⋯ Ⅲ . ①家庭道德—中国—
古代 Ⅳ . ① B823.1

中国版本图书馆 CIP 数据核字（2018）第 181345 号

出 版 人　崔　刚
丛书策划　冀瑞雪
责任编辑　冯文龙　冀春雨
图书审读　周海生
封面设计　李海峰　谭　正
版式设计　张　倩

出版发行　济南出版社
地　　址　济南市二环南路1号（250002）
编辑热线　0531—86131747（编辑室）
发行热线　82709072　86131747　86131729　86131728（发行部）
印　　刷　山东潍坊新华印务有限责任公司
版　　次　2018 年 9 月第 1 版
印　　次　2023 年 8 月第 3 次印刷
成品尺寸　185 mm × 260 mm　16开
印　　张　5
字　　数　85千
印　　数　50001—55000册
定　　价　18.00元

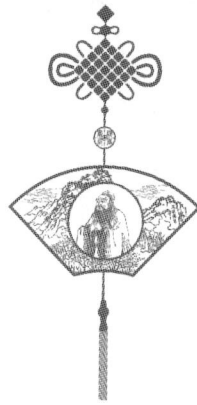

总序

党的十八大以来，以习近平同志为核心的党中央以高度的文化自信，大力倡导弘扬中华优秀传统文化。习近平同志指出："优秀传统文化是一个国家、一个民族传承和发展的根本，如果丢掉了，就割断了精神命脉"；"中华民族有着五千多年的文明史，创造和传承下来丰富的优秀文化传统"，"我们决不可抛弃中华民族的优秀文化传统，恰恰相反，我们要很好传承和弘扬，因为这是我们民族的'根'和'魂'，丢了这个'根'和'魂'，就没有根基了"。习近平同志的这些论述，是指导我们弘扬中华优秀传统文化，做好中华优秀传统文化教育的重要南针。近几年来，在习近平新时代中国特色社会主义思想指引下，国人文化自信得到彰显，中华优秀传统文化得以广泛弘扬，国家文化软实力和中华文化影响力大幅提升。

教育工作的光荣任务就是传授知识传承文化，而学校则是传授知识传承文化的主要场所。历史的经验反复说明，要做好教育工作，既取决于教师的文化知识积累和讲授水平，又取决于学校课程的合理设置和教材的编写质量。要做好传承中华优秀传统文化的教育工作，亦复如是。

习近平同志在谈到有关教材编写工作时指出："我很不赞成

把古代经典诗词和散文从课本中去掉，'去中国化'是很悲哀的。应该把这些经典嵌在学生脑子里，成为中华民族文化的基因。"2017年1月，中共中央办公厅、国务院办公厅颁布的《关于实施中华优秀传统文化传承发展工程的意见》，要求按照一体化、分学段、有序推进的原则，把中华优秀传统文化贯穿于启蒙教育、基础教育、职业教育、高等教育、继续教育各领域，以幼儿、小学、中学教材为重点，构建中华文化课程和教材体系，并要求实施中华文化经典诵读工程。教育部颁布的《完善中华优秀传统文化教育指导纲要》，要求从小学到大学，都要分学段由浅入深地贯穿中华优秀传统文化的教育，在小学、中学、大学的课程设置中要强化中华传统文化的教育内容；并要求修订中华传统文化的相关教材，组织编写中华优秀传统文化的普及读物。

正所谓"工欲善其事，必先利其器"。要提高教师以及学生的传统文化素养，编写一套供大家诵读和研修的中华传统文化经典诵读本，很有必要，也是当前亟须的。为此，国际儒学联合会、国家教育行政学院国学教育研究中心联合济南出版社·汉唐书局，共同推出了"中华传统文化经典诵读"系列丛书。

"中华传统文化经典诵读"系列丛书第一辑包括《论语》《孟子》《大学》《中庸》《三字经》《百家姓》《千字文》《弟子规》《龙文鞭影》《声律启蒙》《增广贤文》《名贤集》共12种，已由济南出版社·汉唐书局出版发行，深受读者欢迎，也赢得多方好评。第二辑包括《周易》《诗经》《孝经》《孔子家语》《老子》《庄子》《荀子》《孙子兵法》《史记》《近思录》《传习录》《六祖坛经》《颜氏家训》《笠翁对韵》《千家诗》等读本，其中除了《庄子》《荀子》《史记》《传习录》《六祖坛经》《颜氏家训》外，其他读本均已出版，以满足广大读者诵读经典、研修经典的需要。

"文化兴国运兴，文化强民族强。没有高度的文化自信，没有文化的繁荣兴盛，就没有中华民族伟大复兴。"具有里程碑意义的党的十九大确立的习近平新时代中国特色社会主义思想，为中华优秀传统文化传承发展提供了精神支柱和力量源泉。作为新时代学人，传承和发展中华优秀传统文化，恰逢其时，时不我待，任重道远。我们应按十九大报告、二十大报告提出的要求，以及中共中央办公厅、国务院办公厅印发的《关于实施中华优秀传统文化传承发展工程的意见》深入挖掘和阐发中华优秀传统文化尤其是经典中蕴含的思想观念、人文精神、道德规范，结合时代要求继承创新，让中华文化展现出永久魅力和时代风采。

编委会

2023 年 8 月

目录

《孝经》是一部什么样的书?

中华民族是一个重视"孝道"的民族,这一优良传统曾经伴随我们民族从野蛮走向文明,从低迷走向辉煌。《孝经》是一部教会我们如何恭行"孝道"的经典,也是一部直到今天依然有助于我们研习"孝道"的教科书。那么,《孝经》内容如何?哪些内容今天依然有积极意义呢?

一、《孝经》的作者和成书时代

《孝经》是"十三经"中文字最少的一部,但就其影响的普遍性和深刻性而言,在历史的长河中,没有哪一部书可与之相比。它不但被历代统治者奉为治理天下的至德要道,还被普通百姓视为为人处事的基本准则。《孝经》正是以极小的篇幅实现了极大影响的经典文献,这就无怪乎近代国学大师章太炎称其为"国学统宗"了!

《孝经》相传是两千多年前孔子口授给曾参而由曾参(或其门人)写录成书的。孔子是儒家学派的缔造者,是大圣人;曾子是孔子的得意弟子,是大孝子、大贤人,《孝经》由圣贤合力创作,圣有德而贤有功,《孝经》代表的正是圣心贤志、圣道王功,相传孔子说:"吾志在《春秋》,而行在《孝经》。"郑玄《六艺论》说:

"孔子以六艺题目不同……故作《孝经》以总会之。"①《孝经》正是孔子为了实行《春秋》等《六经》旨趣而制作的行动纲领。唐代陆德明也说："《孝经》者，孔子为弟子曾参说孝道，因明天子庶人五等之孝，事亲之法。"（《经典释文·序录》）

孔子作《孝经》本是从汉代到唐代学人的共同看法，但是随着宋代疑古思潮的兴起，人们又提出《孝经》作者的其他说法。归纳起来，从宋至今约有十种观点：一是孔子作，二是孔子门人作，三是曾子作，四是曾子门人作，五是子思作，六是齐鲁间陋儒作，七是孟子门人作，八是西汉末年拼凑说，九是乐正子春弟子作，十是集体创作。这些说法都没有什么站得住脚的证据，因此并不可取。

历史上盛传孔子修"六经"、儒家传"六艺"的故事，既然已有"六经"与"六艺"，孔子为何又要著《孝经》呢？《孝经》与"六经"的关系是怎样的呢？

郑玄《六艺论》说："孔子以六艺题目不同，指意殊别，恐道离散，后世莫知根源，故作《孝经》以总会之。"②《庄子·天下》篇认为"六经"内涵各有专主："《诗》以道志，《书》以道事，《礼》以道行，《乐》以道和，《易》以道阴阳，《春秋》以道名分。"《诗经》是言志抒情的文学作品；《书经》乃二帝三王的历史文献；《礼经》是行为规范的具体规定；《乐经》是与民同乐的音乐经典；《易经》是讲阴阳变化的哲学著作；《春秋》是讲等级名分的政治教科书。可见"六经"都是专科的，深奥的，那为什么说《孝经》是对"六经"的总汇呢？《诗经》抒情的基础是孝悌伦理（"哀哀父母，生我劬劳"）；《书经》"祖述尧舜"，而"尧、舜之道，孝弟而已矣"（孟子）；《礼经》所述冠婚丧祭朝聘，最基本的是对父母的昏定晨省和养生送死；《乐经》可实现对父母"养则致其乐"；《易经》所述阴阳变化体现在三才之道上，而三才之大经大法则是孝（"夫孝，天之经也，地之义也，民之行也"——《孝

---

① 郑玄《六艺论》，见邢昺《孝经注疏》唐玄宗《孝经序》疏引。
② 郑玄《六艺论》，见邢昺《孝经注疏》唐玄宗《孝经序》疏引。

经》）；《春秋》更是对君臣父子等级名分的具体体现。可见"六经"都与孝有关，甚至以孝为基础和统综。

《左传》说："《诗》《书》义之府，《礼》《乐》德之则。""六艺"实质无非德义，而孝乃德之本、孝为仁之本。近代大儒马一浮先生说："已知'六艺'为博，《孝经》为约，亦当略判教相：'至德'，《诗》《乐》之实；'要道'，《书》《礼》之实；'三才'，《大易》之旨也；'五孝'，《春秋》之义也。"（《孝经大义》）所以说，《孝经》就是对"六经"旨趣、德义基石的简要概括和纲领性提示。

二、《孝经》的结构和内容

《孝经》很像一篇极其简要的文章，全书仅 1 800 字左右（今文经 1 799 字，古文经 1 872 字），却道尽了"孝道"的内容、价值意义及其在各个领域的运用，乃至孝子对于父母从在世到亡故的一系列孝行。它文字凝练，字字珠玑，结构严密，层次清晰。全书分为若干章节（今文分为 18 章，古文分为 22 章），层层推进，娓娓道来。今文《孝经》所分 18 章即：

《开宗明义章》第一、《天子章》第二、《诸侯章》第三、《卿大夫章》第四、《士章》第五、《庶人章》第六、《三才章》第七、《孝治章》第八、《圣治章》第九、《纪孝行章》第十、《五刑章》第十一、《广要道章》第十二、《广至德章》第十三、《广扬名章》第十四、《谏诤章》第十五、《感应章》第十六、《事亲章》第十七、《丧亲章》第十八。此十八章是西汉以来流行的主流版本，属于今文经系统。

除了今文《孝经》之外，汉代还流传下来一种《古文孝经》。据说是鲁共王坏孔子宅所得古文经书中的一种（即孔壁本）。《古文孝经》所分 22 章，据后世所引《古文孝经》资料，是从《庶人章》分出《孝平章》，从《圣治章》分出《父母生绩章》《孝优劣章》；又多《闺门章》（"闺门之内，具礼矣乎，严父严兄，妻子臣妾，犹百姓徒役也"），其他除个别文字和虚词差异外，今古文《孝经》的内容差别不大。本书即以今文《孝经》为基础进行注释、解读。

三、《孝经》的思想和学术

《孝经》认为，孝本源于原始的亲亲之爱，"父子之道，天性也"，"父母生之，续莫大焉"（《圣治章》）。古人视"孝道"为天经地义的事情和符合人性的行为："夫孝，天之经也，地之义也，民之行也"（《三才章》）。人人皆父母所生，个个得尊长所养，知恩图报，寸草春晖，凡有血气，莫不如此。人知道爱类（即爱自己的同类）就是"仁"，知道报恩（报答养育之恩）就是"孝"，这似乎无须多言。有了"爱类"意识的仁，才有不残不暴、亲爱和谐的"仁政"；有了"报恩"意识的孝，才有爱亲敬长、仁民爱物的"善性"。孔子弟子有子说："孝弟也者，其为仁之本与？"（《论语·学而》）《孝经》说："夫孝，德之本也，教之所由生也。"（《开宗明义章》）孟子也说："亲亲而仁民，仁民而爱物。"（《孟子·尽心上》）故孝被视为百行之先、万善之源。《孝经》称孝为"至德要道"，可以达到"民用和睦，上下无怨"的效果，就是这个道理。《孝经》认为，不爱类而残害同胞、不报恩而遗弃父母的人是"非孝者无亲"，乃"大乱之道"，罪不容诛："五刑之属三千，而罪莫大于不孝！"（《五刑章》）

在如何行孝上，《孝经》分出三个层次："夫孝，始于事亲，中于事君，终于立身。"第一层次是家庭内部的事情，第二层次是社会政治领域的事情，第三层次则是道德圆满、青史留名的事情。什么是"事亲"呢？"君子之事亲也，居则致其敬，养则致其乐，病则致其忧，丧则致其哀，祭则致其严。五者备矣，然后能事亲。事亲者，居上不骄，为下不乱，在丑不争。"（《纪孝行章》）什么是"事君"呢？"君子之事上也，进思尽忠，退思补过，将顺其美，匡救其恶。"（《事君章》）什么又是"立身"呢？"行成于内，而名立于后世矣。"（《广扬名章》）在家里养亲敬亲取得内部和谐，在社会上取得事业成功，进而在道德理想层面有所建树，实现"立功""立言""立德"的大成就，就是"立身行道，扬名于后世，以显父母"（《开宗明义章》）。

曾子说："大孝尊亲，其次弗辱，其下能养。"（《礼记·祭义》）"能养"属于"事亲"的范围，"尊亲"则属于"立身"的内容。很显然，《孝经》

之"孝"已经不是纯粹的"养亲敬亲"的情感了，而是从"亲亲"的家庭伦理出发，将人与人的关爱之情、责任之心，扩展到整个社会、国家、天下，将其属于父子之亲、母子之情的伦常关系，与上下等级、友朋交谊、君臣之道、夫妇关系等结合起来，从而起到端正人心、纯化情感、改善关系、和谐社会的作用。《孝经》之"孝"成功地实现了事亲敬长之情与忠君爱民之意的结合，修身齐家之法与治国平天下之道的结合，对铸造中华民族的善良本性、谦谦君子和忠孝节义的人格，起到了不可低估的作用。

《孝经》将"孝"定义为一切善行美德的根源，已经不仅仅是教"孝"之经，还是导"善"之典，致"美"之源。《孝经》是"善"和"美"的源头活水，是教导人们如何成为君子贤人的指南北斗。

为了指导国人自觉地奉献孝心，正确地履行孝道，《孝经》还为不同等级的人制订出不同的行孝规则，即所谓"五孝"：对于富有四海的天子，要求其"爱敬尽于事亲"，然后"德教加于百姓，刑（型，示范）于四海"（《天子章》），也就是要对双亲做到爱敬，对百姓实行德治，用榜样的作用去感化人；对于诸侯，要求其"在上不骄""制节谨度"，使"富贵不离其身"，然后能"保其社稷，和其民人"（《诸侯章》）；对于卿大夫，要求其服饰言行一切遵循先王礼法，做到"言满天下无口过，行满天下无怨恶"，然后能"守其宗庙"（《卿大夫章》）；对于士人，要求其将孝心化为忠顺，"以孝事君则忠，以敬事长则顺。忠顺不失，以事其上"，然后能"保其禄位，而守其祭祀"（《士章》）；对于庶人，要求其"用天之道，分地之利，谨身节用，以养父母"（《庶人章》）。

由于阶层不同，社会地位不同，行孝的具体要求也就不同，但对父母的养和敬却是相同的，也是一贯的。所以《孝经》说："故自天子至于庶人，孝无终始，而患不及己者，未之有也。"（《庶人章》）

如果说《孝经》关于"五孝"的区分带有等级制特征，不完全适应现代社会需要的话，那么，《孝经》中关于爱惜身体、养敬结合、不义则诤、上行下效等思想，至今仍有积极的意义。

首先，"身体发肤，受之父母，不敢毁伤，孝之始也"（《开宗明义章》）。保护好自己的身体，使其免受伤害，是行孝第一步。曾子说："身者，亲之遗体也。行亲之遗体，敢不敬乎！"据《大戴礼记·曾子大孝》记载，曾子将己之躯体喻为父母之"遗体"，也就是说，子女身体是父母乃至先祖生命在另一种形式上的延续，父母既然全而予之，子女理当全而还之。因此，当弟子问脚伤已愈、为何仍不敢出门时，乐正子春借用孔子的话回答说："父母全而生之，子全而归之，可谓孝矣。不亏其体，不辱其身，可谓全矣"（《礼记·祭义》）。这里的"不辱"与曾子所说"弗辱"意思相同，即不使身体受刑，不使父母受侮辱。可见，"不敢毁伤"还有另外一层含义，即奉公守法，不犯刑律。当然，为国家和民族利益牺牲者除外，这部分人不但不违背孝道，反而是更高层次的"孝"。相反，如果战场上临阵脱逃，就会让父母蒙羞、让国家蒙难，那样的话，即使苟全性命也不是"孝"。孔子主张用成人礼安葬为国捐躯的"童子"，曾子也说："战阵无勇，非孝也"（《礼记·祭义》）。由此看来，《孝经》的"不敢毁伤"，主要强调爱惜身体、珍视生命，如果无端毁伤肢体，甚至结束生命，表面看是自己的事情，事实上如果对父母起码的孝心都没有，又何谈大孝呢？

其次，养敬结合。孝，"善事父母者。从老省、从子。子承老也。"（《说文解字·老部》）孝的初始含义是善事父母，但仅仅做到这些远远不够，更重要的是应有一颗爱敬之心。《天子章》曰"爱敬尽于事亲"，如果只养不敬，便与饲养犬马无别，在《论语·为政》中，孔子就曾感慨："今之孝者，是谓能养。至于犬马，皆能有养；不敬，何以别乎？"《大戴礼记·曾子事父母》载，曾子弟子单居离问："事父母有道乎？"曾子曰："有，爱而敬。"可见，孝不仅涉及养之行，还蕴含敬之心，它是奉养之行与爱敬之心的结合，无论缺少哪一方面都不能称为真正的孝。

再次，《孝经》旗帜鲜明地反对"愚忠愚孝"，提倡晚辈对长辈的"谏诤"。

当曾子问孔子："从父之令，可谓孝乎？"孔子非常严厉地批评说："是何言与！是何言与！"大力提倡："故当不义，则子不可以不争于父，臣不可以不争于君。故当不义则争之。"他说："昔者天子有争臣七人，虽无道，不失其天下。诸侯有争臣五人，虽无道，不失其国。大夫有争臣三人，虽无道，不失其家。士有争友，则身不离于令名。父有争子，则身不陷于不义。"（《谏诤章》）养亲安亲、敬亲顺亲，固然是孝的重要内容，但并非处处如此，关键是看我们所敬顺的君父长者是否合乎"道义"。如果其言行合乎于义，则敬之顺之；否则，则应诤之谏之。不然，不义而顺、行邪不争，就是陷亲于不义，那恰恰就是不孝。可见，无论对于尽孝者还是尽孝对象，有谏诤之义的孝都比绝对顺从的愚孝更为重要。因此，荀子总结出了"从道不从君，从义不从父"的行孝原则。

这里需要注意的是，谏诤时要讲究策略，注意方法。即使对方有错，亦要怡色柔声、微谏不倦，尽可能做到情义兼尽。《礼记·内则》曰："下气怡色，柔声以谏。"《论语·里仁》云："见志不从，又敬不违，劳而不怨。"相反，认为对方有错，就大声呵斥，言行背于礼，也是不孝。因此，孝不仅需要以"义"辅之，更需要以"智"谏之。唯此，才能达到良好的谏诤效果。就谏诤方式而言，有正谏、降谏、忠谏、戆谏、顺谏、窥谏、指谏、陷谏、尸谏等，具体的劝谏方式应视情况而定。

最后，《孝经》所谓从父、顺长、忠君，都是有条件的。它不是单向的索取与哀求式谏诤，而是上、下之间一种相互约束的道德要求。其前提就是"上行下效"，为人君上和为人父母者，要做好表率："先王见教之可以化民也，是故先之以博爱，而民莫遗其亲；陈之以德义，而民兴行。先之以敬让，而民不争；道之以礼乐，而民和睦；示之以好恶，而民知禁"（《三才章》）。又说："明王之以孝治天下也，不敢遗小国之臣"；诸侯"治国者，不敢侮于鳏寡"；大夫"治家者，不敢失于臣妾"。只有在上者做到德义爱敬，而且不恶人慢人，才能使"天下和平，灾害不生，祸乱不作"（《孝治章》）。根据儒家"所欲责于臣者，君先服之；所欲责于子者，父先能之"的原则，一切善言美行的最好提倡，不在于美丽动听言语的告诫，而在于居上位者的躬行实践。如此，必会近者悦其德泽，远者闻风而至，形成"民用和睦，上下无怨"（《开宗明义章》）的和谐局面。

归纳起来，《孝经》将孝视为自然而然的天性（"父子之道天性也"），是天经地义的事情（"夫孝，天之经也，地之义也，民之行也"），不孝则是世间最大的罪恶（"五刑之属三千，而罪莫大于不孝"）；孝不是针对某一阶层人士说的，而是对从天子以下到庶民百姓所有人的要求（"自天子至于庶人，孝无终始，而患不及己者，未之有也"）；要尽孝道，除了在物质上奉养老人外，还应该在态度上爱敬老人（"居则致其敬，养则致其乐，病则致其忧，丧则致其哀，祭则致其严"），所有行为不敢有丝毫懈怠疏忽（"爱亲者不敢恶于人，敬亲者不敢慢于人"）。孝的初期是养亲（事亲），中期是小心谨慎地从事社会服务、参加政治活动（事君），最后还要注重个人修养，提高个人德行，奉行正确理论（立身），取得德行和事业的双重圆满，达到"立身行道，扬名于后世，以显父母"，甚至"天下和平，灾害不生，祸乱不作""孝悌之至，通于神明，光于四海，无所不通"的效果。

当然，《孝经》作为一部讲述"以孝治天下"的经典，内容十分广泛，还涉及个人修养、家庭治理、社会和谐、政治清明等内容。马一浮就说："故曰'孝，德之本也。'举本而言，则摄一切德；'人之行，莫大于孝'，则摄一切行；'教之所由生'，则摄一切教；'其教不肃而成，其政不严而治'，则摄一切政；五等之孝，无患不及，则摄一切人；'通于神明，光于四海，无所不通'，则摄一切处。大哉，《孝经》之义，三代之英，大道之行，'六艺'之宗，无有过于此者！"①《孝经》不仅是"六经"的总纲，也是天下善行的流综，还是天下和平的管钥。有人将这些内容绘制成一张图表，颇有提纲挈领、以简驭繁之效，现录存于此，以备参考：

———————————

① 马一浮：《孝经大义》序。

《孝经》系统表

孝

地义　天经

民行

要道—教生　　　　　至德—德本

礼　乐　悌　孝　　　教臣　教悌　教孝

礼安上治民　乐移风易俗　悌教民礼顺　孝教民亲爱
教孝敬天下父　教悌敬天下兄　教臣敬天下君

立身　　　　事君　　　　事亲

顺　忠　　　　敬　爱

立身： 进退可度　容止可观　作事可法　德思可尊　行思可乐　言思可道

事君： 匡救其恶　将顺其美　退思补过　进思尽忠

事亲： 在丑不争　为下不乱　居上不骄　不义则诤　祭则致严　丧致哀　病致忧　养致乐　居致敬

庶人： 节用　谨身　分地利　用天道 → 养父母

士： 事父爱敬　事母爱　事君忠　事长顺 → 保禄位　守祭祀

卿大夫： 服法服　道法言　行德行 — 无择言　无口过 — 无择行　无怨恶 — 守宗庙

诸侯： 在上不骄—高而不危—长守贵；制节谨度—满而不溢—长守富 — 保社稷　和人民

天子： 亲爱不恶人　敬亲不慢人
事父孝　事天明　事母孝　事地察　长幼顺　上下治
先博爱　陈德义　先敬让　尊礼乐　示好恶
民莫遗亲　民兴行　民和睦　民知禁
通神明　光四海
德—教四海　刑—加百姓

以顺天下
民用和睦
上下无怨

其政不严而治　　　其教不肃而成

天下治

正因为《孝经》的推广和孝道的贯彻有如此效果，在历史上，明智的统治者为了提倡"孝道"，除在法律上提倡"五刑之属三千，而罪莫大于不孝"外，还在人才选拔上将《孝经》与《论语》都列为必读必考的"兼经"，实行"举孝廉"，在赋役上减免孝子徭赋，提倡"以孝治天下"，"求忠臣于孝子之门"等措施。一些有学识有远见的帝王，甚至为《孝经》注解释义，如魏文侯、晋元帝、晋孝武帝、梁武帝、梁简文帝、北魏孝明帝、唐玄宗、清世祖、清圣祖、清世宗等，都是如此，曾经结出很好的倡孝劝悌、天下和平的善果。

我们认为，面对"老龄"社会的到来，有必要重温《孝经》、重申"孝道"。作为一部产生于两千多年前的文献，《孝经》在中国历史上曾经起到过积极的作用，对今天个人的修养、家庭的和睦、社会的和谐、国家的稳定依然有着十分重要的借鉴意义。但在经济全球化、文化多元化的今天，如何深入挖掘传统孝文化的合理价值、建设中国特色社会主义孝文化，仍然是一个值得深思的问题。建设中国特色社会主义孝文化，绝非复古守旧，对"陈旧过时或已成为糟粕性的东西"应予以舍弃，如《丧亲章》讲父母死后"三日而食"等；但对其中有益的成分应当吸收并进行现代转化，如将孝定义为子女对父母"报恩"的天经地义的事情，将不孝定为"五刑"之中最大的罪过。在强调"居敬""养乐""病忧""丧哀""祭严"等基础上，《孝经》对处于不同社会阶层的人制订出不同的行孝原则，它主张珍视生命、不从非义、犯颜谏诤等，具有超时代的意义，至今仍有借鉴价值。

四、学习《孝经》的方法

《中庸》曰："博学之，审问之，慎思之，明辨之，笃行之。"程子也说："博学、审问、慎思、明辨、笃行五者，废其一，非学也。"将为学分为博学、审问、慎思、明辨、笃行五个阶段，学习《孝经》亦可遵循此步骤。

博学，为第一阶段。子曰："吾尝终日不食，终夜不寝，以思，无益，不如学也。"（《论语·卫灵公》）这里与"思"相结合，强调"学"的重要性。《孝经》虽然文字浅显，但涉及制度广泛，原理深刻，理解不易，所以，对于《孝经》，首先要学，而且要做到学必博，广泛涉猎各种知识，包括古今对《孝经》

的注释、研究等。

审问，为第二阶段。学习《孝经》要以古人为师，以经典为师，以他人为师，并向其详细地询问，有所不明要追问到底。孝道为德之本，也为仁之本。儒家本为德教，倡仁学，故孝悌之说遍及"六经""四书"，这些孝论资料，是我们深入理解《孝经》的重要参考，应当尽可能辑录出来，以为参证。

慎思，为第三阶段。《论语·为政》曰："学而不思则罔。"只学习而不思考，就会迷惑不解。与前文"学"相对应，这里强调"思"的重要性。学习《孝经》，在"审问"之后，还要慎重地思考，否则所学就不能为自己所用。《孝经》一书，从战国魏文侯始即开注解先河，迄至近代，注《孝经》者无虑千百家。其间同者有之，异者有之，应详加思考，以定一是。

明辨，为第四阶段。对《孝经》中适应现代社会和陈旧过时的内容要明确地辨析。对于其中合理的部分，如爱己之身、养敬结合、不义则诤等，应充分吸收；对于至今仍有借鉴价值的内涵和陈旧的形式加以改造，如将"忠君"转化为对党、国家和人民的忠诚等；对于不合时宜的内容，如"三日而食"等，予以舍弃。总之，应坚持马克思主义的立场、观点和方法，尊重而不盲从《孝经》，最终实现其孝道思想的创造性转化和创新性发展。

笃行，为第五阶段，强调知行合一。孔子曰："吾志在《春秋》，行在《孝经》。"说明《孝经》一书贵在施行。学习《孝经》，更重要的是切实地履行，使所学知识最终得到落实。如在家庭和社会生活中，做到爱敬亲长，尊重国家和百姓，懂得谏诤等。

《中庸》曰："人一能之，己百之。人十能之，己千之。"对于《孝经》学习，孝道践履也是如此。若能做到千百不厌，终身不息，学习《孝经》一定能有所成！

总之，我们应立足本经，旁参他书，回顾历史，面向未来，做到古为今用、以古鉴今，坚持有扬弃地继承，最终实现《孝经》孝道思想的创造性转化和创新性发展。今天，认真吸取《孝经》的合理内核，继承和弘扬中华"孝道"传统，唤醒当代青年"知恩图报"的责任感，形成"赡亲敬老"的一代新风，也是"老龄化"社会来临时必要的功课。

开 宗 明 义① 章 第 一

zhòng ní jū② zēng zǐ shì③
仲 尼 居②，曾 子 侍③。

zǐ④ yuē xiān wáng yǒu zhì dé yào dào⑤ yǐ
子④ 曰："先 王 有 至 德 要 道⑤，以

shùn tiān xià⑥ mín yòng hé mù shàng xià wú yuàn⑦ rǔ⑧
顺 天 下⑥，民 用 和 睦，上 下 无 怨⑦，汝⑧

◎ **注释**

①〔开宗明义〕指开启一章宗旨，揭示全书主题。②〔仲尼居〕仲尼，孔子的字。孔子生于前551年，卒于前479年，享年73岁，是春秋后期最伟大的思想家和教育家，儒家学派创始人。居，闲居。③〔曾子侍〕曾子（前505—前434），孔子弟子。名参，字子舆，春秋末鲁国南武城人。比孔子小46岁，与其父曾点先后为孔子弟子。曾参以孝悌著称，传孔子《孝经》。侍，侍坐。④〔子〕指孔子。"子"本是古代对人的敬称，相当于后世"先生"。先秦文献（特别是儒家文献）称"子"之处多指孔子。⑤〔先王有至德要道〕先王，先代圣王。至德，最高的德行，指孝悌。要道，最关键的法则，指礼乐。⑥〔以顺天下〕以，介词，用来。顺，又作"训"，亦通。天下，即普天之下，包括所有的人、事、物。⑦〔民用和睦，上下无怨〕前者指百姓内部团结，后者指各阶层间的团结。用，因而。和睦，和谐亲近。上，指长上、尊者。下，指下级、卑者。⑧〔汝〕又作"女"，即尔、你。古时长辈对晚辈可称汝（或女）。

◎ **译文**

孔子悠闲地坐着，弟子曾参小心地侍候着。

孔子（意味深长地）说："先代圣王有至高无上的德行和无与伦比的妙道，用它来理顺天下人心，百姓和谐相处，尊卑上下都无怨言。你知道（其中的奥妙）吗？"

知之乎？"曾子避席①曰："参不敏②，

何足以知之？"

子曰："夫孝，德之本③也，教之所

由生④也。复坐⑤，吾语⑥汝。""身体发

肤，受之父母，不敢毁伤，孝之始也。⑦

立身行道⑧，扬名于后世，以显父母⑨，

◎ 注释

①〔避席〕离开坐席。古人席地而坐，下肢曲折据于席，臀部紧贴曲肢后跟坐于席上。长者有问，即直身起答，臀离于后跟，呈跪立直身状。②〔参不敏〕参，曾子名。敏，聪明。③〔本〕这里有始的意思。④〔教之所由生〕古人认为："教人亲爱，莫善于孝。"所以说孝道是一切教化的开端。⑤〔复坐〕从站立处回到坐席。根据礼仪，在尊长面前，尊长不命坐，晚辈或下级不得擅自落座。因曾参起身答问，所以孔子让他重新坐下。⑥〔语〕对……说。⑦〔身体发肤，受之父母，不敢毁伤，孝之始也〕郑注："父母全而生之，己当全而归之。"身，指人的躯干。体，指人的四肢。"身体发肤"，泛指人的整个身体。"不敢毁伤"有三层意思：其一是保全身家性命，不自我伤害；其二是不做危险动作，不冒险受伤；其三是不作奸犯科，冒犯刑辟。⑧〔立身行道〕修炼品行，践行善道。立身，谓内修孝悌之德，德立于内。行道，谓外行礼乐仁义，功成于外。⑨〔扬名于后世，以显父母〕指功德圆满，留名后世，光宗耀祖。儒者重视内修外治，内圣外王，建功立业，成就美名。

◎ 译文

曾子（惶恐地）离开座席，站起身来回答说："曾参我呀，是出了名的愚笨啊，哪里会知道呢？"

孔子（莞尔）说："那个就是孝道呵！它是一切德行的开端，也是一切教化的根基。你重新坐下来吧，我告诉你（其中的秘密）。（我们的）躯干四肢、毛发皮囊，都是从父母那里得来的，不要有丝毫毁伤哦，这就是孝道的开始；用孝道来立身，依礼乐去行事，成就那传之后世的美好名声，使父母名声得到显扬，这就是孝的最高境界哦！

孝之终也^①。夫孝，始于事亲，中于事君，终于立身。《大雅》^②云，'无念尔祖，聿修厥德。^③'"

◎ **注释**

①〔孝之终也〕行孝的最佳效果，指孝道的终极状态。②〔《大雅》〕《诗经》体类之一。《诗经》按其音乐类型及诗篇来源，分为"风"（十五国风），"雅"（大雅，小雅），"颂"（商颂、周颂、鲁颂）。《大雅》共31篇，多言道德教化；《小雅》共74篇，多言政道人事。③〔无念尔祖，聿修厥德〕见《诗经・大雅・文王》。无，或作毋、勿。祖，祖先。聿，或作曰。此处皆为语首助词。厥，代词，其。德，品德。

◎ **译文**

所谓孝道，就是从善待亲人开始，接着是服务社会、报效君国，最终是功德圆满、名扬天下。《诗经・大雅・文王》篇就说，'岂能不顾祖先名，好好修炼你德行！'"

天子①章 第二

子曰：“爱亲者不敢恶于人，敬亲者不敢慢于人。②爱敬③尽于事亲，而德教④加于百姓，刑于四海⑤，盖⑥天子之孝也。《甫刑》云，‘一人有庆，兆民赖之。’”

◎ 注释

①〔天子〕古者宣称君权神授，最高统治者都说自己受命于天，是上天元子，故称“天子”。②〔爱亲者不敢恶于人，敬亲者不敢慢于人〕恶，讨厌、憎恨。慢，轻慢。不恶慢他人之亲也是一种自我保全行为。天子尚且不敢恶慢于人之亲，而况其他人者乎！③〔爱敬〕指事亲的态度。对于亲人，心里要爱，表现要敬。爱生于心，敬显于貌，一内一外，一隐一显，内外合一，才是孝亲。④〔德教〕即以孝悌为根基的道德教化。⑤〔刑于四海〕刑，一作“形”，显现。按，刑又通型，典型。四海，犹言四夷。《尔雅》：“九夷、八狄、七戎、六蛮，谓之四海。”⑥〔盖〕谦辞，揣测性判断。孔子出身士人，以布衣身份教学，不敢指斥比自己位尊者，故只在《庶人章》直接说“此庶人之孝”，而于《天子章》《诸侯章》《卿大夫章》《士章》都加“盖”字以示谨慎。

◎ 译文

孔子接着说：“真正亲爱自己的亲人，就不敢厌恶别人的亲人；真正尊敬自己的亲人，就不敢怠慢别人的亲人。用亲爱恭敬之心来尽心侍奉亲人，就会使道德教化广泛地流行于黎民百姓，也为四夷八荒做了榜样，这大概就是所谓天子之孝吧！《尚书·甫刑》篇就说，‘至高天子有善行，亿万民众赖一人！’”

诸①侯章 第三

zài shàng bù jiāo， gāo ér bù wēi② zhì jié jǐn
在上不骄，高而不危②；制节谨

dù③， mǎn ér bú yì④。 gāo ér bù wēi suǒ yǐ cháng
度③，满而不溢④。高而不危，所以⑤长

shǒu guì yě mǎn ér bú yì suǒ yǐ cháng shǒu fù yě fù
守贵也；满而不溢，所以长守富也。富

◎ 注释

①〔诸侯〕列土封君，谓之诸侯。在封邦建国、制禄班爵时代，列国封君，各自受命守土候令，统称诸侯。②〔在上不骄，高而不危〕骄，骄矜。危，危殆。此句讲保持其谦恭态度。③〔制节谨度〕费用约俭，谓之"制节"；奉行天子法度，谓之"谨度"。该句讲保持其节俭之心。④〔满而不溢〕该句讲保持其经济地位不丢失。诸侯富有一国之财，但坐吃山空，奢汰易失，故只有不淫溢奢侈，如持满者而不泛溢，才能长留住其财富。⑤〔所以〕之所以，正因为如此……才……

◎ 译文

居于众人之上却不骄矜，位置虽高却没有（被颠覆的）危险；严格自律、不越法度，财富再多也不会流散。位置高却没有危险，这样就能长久地保持你尊贵的地位；财富多却不浪费，这样就能够永远守住你的万贯家财。

guì bù lí qí shēn　　rán hòu néng bǎo qí shè jì　　ér
贵不离其身①，然后能保其社稷②，而

hé qí mín rén　　gài zhū hóu zhī xiào yě　　shī yún
和其民人③，盖诸侯之孝也。《诗》云，

zhàn zhàn jīng jīng　　rú lín shēn yuān　　rú lǚ bó bīng
"战战兢兢，如临深渊，如履薄冰。④"

◎ 注释

①〔身〕躬，犹言其本人。②〔社稷〕祭祀土神和谷神的庙宇。按，古代以社稷代表国家。③〔和其民人〕由于节俭，故薄赋敛，省徭役，是以民人和。按，和，和睦，此处为使动用法：使其和睦。民人，犹言士民。④〔战战兢兢，如临深渊，如履薄冰〕见《诗经·小雅·小旻》末章。战战，恐惧貌。兢兢，戒慎貌。如临深渊，恐坠落。如履薄冰，恐沦陷。

◎ 译文

财富和尊位如果都不离开你，这样就可以保住你的家国政权，使自己的大小臣工和士商平民都和平安稳。这大概就是所谓诸侯之孝吧！《诗经·小雅·小旻》篇说："战战兢兢多小心，如临深渊履薄冰。"

卿 大 夫 章① 第四

非先王之法服不敢服②，非先王之法言③不敢道，非先王之德行④不敢⑤行。是故非法⑥不言，非道⑦不行，口无择言，身无择行⑧，言⑨满天下无

◎ 注释

①〔卿大夫〕指天子、诸侯的辅佐者。②〔非先王之法服不敢服〕先王，指夏商周三王时期。法服，法定的合乎礼制的车服。服，前一"服"为名词："舆服"；后一"服"为动词："服用"。在古代，自天子以下，诸侯、卿大夫、士，各个等级在服饰、器用、车舆等方面，都有规定，每个等级必须按章执行，不得越礼犯分，否则为僭越，僭越有罚。③〔法言〕合乎法度、明于义理之言。④〔德行〕合乎礼义、明乎道德之规范。⑤〔不敢〕本章所言"不敢"（"不敢服""不敢言""不敢行"），与前"不敢毁伤""不敢恶于人""不敢慢于人"同一道理，皆强调孝子行事要小心谨慎，不要放肆。孝道一方面是"爱敬"（施爱），另一方面是"不敢"（不放肆）。⑥〔法〕即上文所谓"法言"。⑦〔道〕即上文所谓"德行"。⑧〔择〕犹言"挑剔"。⑨〔言〕指"礼法之言"。

◎ 译文

不合乎先代圣王礼法的服饰不敢用，不合乎先代圣王礼法的话不敢说，不合乎先代圣王道德的行为不敢做。由是之故，不合礼法的话不说，不合道德的事不做；开口说话没有多余的话，动手做事没有越轨的行为。即使你到天涯海角去大说特说也不会有口过，走遍天下去大做特做也不会令人厌恶。

kǒu guò, xíng① mǎn tiān xià wú yuàn wù sān zhě② bèi
口 过，行① 满 天 下 无 怨 恶。三 者② 备

yǐ rán hòu néng shǒu qí zōng miào③ gài qīng dà fū zhī
矣，然 后 能 守 其 宗 庙③，盖 卿 大 夫 之

xiào yě shī④ yún sù yè fěi xiè yǐ shì yì
孝 也。《诗》④ 云，"夙 夜 匪 懈，以 事 一

rén⑤
人。⑤"

◎ 注释

①〔行〕指"道德之行"。②〔三者〕指服法服、言法言、行德行。③〔宗庙〕祭祀祖先的建筑场所。《尔雅·释名》："宗，尊也；庙，貌也。先祖形貌所在也。"宗庙祭祀是为了表达对祖先的思念。④〔《诗》〕以下所引见于《诗经·大雅·烝民》。该诗歌颂仲山甫修其威仪，为王喉舌，早晚小心翼翼，恪遵古训（"古训是式"），不敢懈怠，一心事君，不辱祖宗。⑤〔夙夜匪懈，以事一人〕夙，早。夜，暮。匪，非。懈，怠惰。一人，天子。本句说，卿大夫当"早起夜卧，以事天子，勿懈惰"（《治要》）。

◎ 译文

服饰、语言、行为这三样，你都中规中矩、合礼合法，这样才能保证自己的祖宗香火不绝，祭享不断。这大概就是卿大夫之孝吧！《诗经·大雅·烝民》说："白天黑夜多勤勉，一心事君莫松懈！"

士①章 第五

zī yú shì fù yǐ shì mǔ, ér ài tóng zī
资 于 事 父 以 事 母 ，而 爱 同②；资

yú shì fù yǐ shì jūn ér jìng tóng gù mǔ qǔ qí
于 事 父 以 事 君 ，而 敬 同③。故 母 取 其

ài ér jūn qǔ qí jìng jiān zhī zhě fù yě
爱，而 君 取 其 敬 ，兼④之 者 父 也。

gù yǐ xiào shì jūn zé zhōng yǐ jìng shì zhǎng zé shùn
故 以 孝 事 君 则 忠⑤，以 敬 事 长 则 顺⑥，

◎ **注释**

①〔士章〕一本作《士人章》。"士，事也。数始于一，终于十。从一从十。孔子曰：'推十合一为士。'"（《说文解字》）士是掌握知识、能够办事、具有担当的人。介于贵族与平民之间。

②〔资于事父以事母，而爱同〕事，侍奉，对待。爱，指缘于血缘的亲亲之爱。严父慈母，严主敬，慈主爱。爱母敬父，都是人类本来之情愫，无须强制，故"资"作依本、凭借、借取诸义都可。

③〔资于事父以事君，而敬同〕儒家提倡移孝作忠。对父亲的诚心诚意，可以移来侍奉君主。事迹虽然相同，但是由于与君主没有血缘联系，缺乏天然的亲亲之爱，所以事君和事父的情感又是不一样的。

④〔兼〕并取。对父亲的爱与母同，对父亲的敬与君同，并此二者，事父之道也。⑤〔以孝事君则忠〕儒家提倡"求忠臣于孝子之门"，事父之孝，兼有爱敬两种情感，爱故不忍欺之，敬故不敢欺之，唯有以诚事君，故为忠臣。⑥〔以敬事长则顺〕儒家提倡的伦理关系共有五种（即五伦：父子、夫妇、朋友、长幼、君臣），每个伦理中人，都有自我约束的道德规范，号称"十义"（或"人义"）。兄之德是友爱，弟之德是敬顺。君子事兄顺逊，故移于事长，亦当敬顺。

◎ **译文**

用侍奉父亲的情感去孝顺母亲，爱心是满满的；用侍奉父亲的理性去忠于国君，崇敬是足足的。因此孝顺母亲是出于由衷的爱，忠于国君是出于理智的敬，同时享有爱和敬的，则是对父亲的孝心。

zhōng shùn bù shī　yǐ shì qí shàng　　rán hòu néng bǎo qí
忠顺不失，以事其上，①然后能保其

lù wèi　　　ér shǒu qí jì sì　　　gài shì zhī xiào yě
禄位②，而守其祭祀③，盖士之孝也。

shī　yún　　　　sù xīng yè mèi　wú tiǎn ěr suǒ shēng
《诗》云："夙兴夜寐，无忝尔所生。④"

◎ 注释

①〔忠顺不失，以事其上〕对君尽忠，对上礼顺。古人认为，君子应保持"忠（君）顺（长）"的品质。②〔禄位〕俸禄和职位。禄，即官家提供的薪水。位，即职位。③〔祭祀〕亲人刚刚故去时祭奠称"祭"，以后四时祭享则称"祀"。④〔夙兴夜寐，无忝尔所生〕夙，早也。兴，起也。夜，暮也。寐，卧也。忝，有辱。所生，谓父母。

◎ 译文

因此，用孝心侍奉国君就是忠，用崇敬对待长上就是顺。忠和顺都恰到好处地用于长上，然后才能保住自己的俸禄和职位，并能保证祖先的香火不会中断。这大概就是士人之孝吧！《诗经·小雅·小宛》篇说："起早贪黑多勤谨，不要愧对父母亲。"

庶①人章 第六

yòng tiān zhī dào　　fēn dì zhī lì　　jǐn shēn jié yòng
用天之道②，分地之利③，谨身节用④，

yǐ yǎng fù mǔ　　cǐ shù rén zhī xiào yě
以养父母⑤。此庶人之孝也。

gù zì tiān zǐ zhì yú shù rén　　xiào wú zhōng shǐ
故自天子至于庶人，孝无终始⑥，

ér huàn bù jí jǐ zhě　　wèi zhī yǒu　　yě
而患不及己者⑦，未之有⑧也。

◎ 注释

①〔庶人〕即众人。庶人无职无位，没有社会职责，故其行孝唯勤唯俭，以备物质供养而已。②〔用天之道〕用，利用。天之道，即自然规律，此指天文历法。懂得历法，遵从节令，适时播种，是庶人的首要任务。③〔分地之利〕分，辨别。地之利，土地所适宜。识别土地所宜，根据不同地力播种相应农作物，是庶人的必要能力。④〔谨身节用〕谨身，爱护身体，不使父母担忧。节用，财用不匮，使父母的物质供养得到保障。⑤〔以养父母〕指养老是孝行的基础。⑥〔终始〕始终如一，一以贯之。按，此"终始"有二解：一说行孝当有始有终。一说孝无尊卑，涵盖五等，从天子到庶人，皆须行孝。结合下文"而患不及己者，未之有也"，以孝当有始有终之说为得。⑦〔患不及己者〕按，现行各本俱无"己"字，敦煌遗书本有"己"字。如果无"己"字，则"患"为担忧；如果有"己"字，则"患"为患难。⑧〔未之有〕犹言"未有之"，宾语倒置。

◎ 译文

善于利用天道的自然节度，认清土地的肥瘠所宜，谨慎工作，厉行节约，努力让父母丰衣足食，这就是庶民百姓之孝吧！

因此贵自天子，贱至庶民，（如果）不将孝道自始至终地完成好，却幻想不受灾害的惩处，几乎是不可能的事情！

三才①章 第七

曾子曰:"甚哉! 孝之大②也。"

子曰:"夫孝,天之经③也,地之义④也,民之行⑤也。天地之经,而民是则⑥之。则天之明⑦,因地之利⑧,以顺

◎ 注释

①〔三才〕谓天、地、人。人生天地间,最为天下贵;人禀天地之气而生,故其德性行为,都应效法天地之道,孝道亦然。②〔孝之大〕孝道博大。一是范围广大,从天子、诸侯、卿大夫,到士人、庶人,没有不行孝道者;二是内容博大,从事亲、事君,到立身、行道;三是事项广泛,从庶人的谨身节用,到卿大夫的遵守法度,到诸侯的不骄不慢,再到天子的广施博爱等,无所不包;四是时间长久,从孩提爱亲,到长大养亲,再到为亲人服丧祭祀,贯穿生命全过程。③〔天之经〕经,常道。行孝道就像四时运行悠久不息,百物生灭不可阻挡一样,具有客观性和必然性。④〔地之义〕义,宜也,犹言原则。孝道如山川地形有高下,泉水流通有去就一样,高下相形,尊卑异位,具有必然性和不可逆转性。⑤〔民之行〕行,德行。说孝悌恭敬是人本来就具有的德行。⑥〔则〕效法。四时有先后,高下成尊卑,故民当效法天地之道,对尊长施以孝悌之心。⑦〔则天之明〕则,视也,即观察而效法之。明,此指太阳。古人认为,太阳的运行带来了昼夜、四时的规律性变化,所以值得人类效仿学习。⑧〔因地之利〕利即所宜,亦即义。山川高下,有因势利导之宜;土地肥瘠,有因地制宜之义。

◎ 译文

曾子(十分感慨地)说:"真是了不得呵! 孝道如此高深莫测呀!"孔子(意味深长地)说:"说起孝道呵,犹如天道运行一样经久不息,犹如地道生物一样自然而然,它是你我必须执行的社会公德呵! 这些天经地义的规矩,人类是逃不掉躲不脱的。学习天道生生不息的活力,利用大地周流不虚的运势,运用这些法力来理顺天下。

tiān xià　shì yǐ　qí jiào bú sù ér chéng　qí zhèng bù yán
天 下。是 以① 其 教 不 肃 而 成，其 政 不 严

ér zhì　　xiān wáng jiàn jiào zhī kě yǐ huà mín yě　　shì
而 治②。先 王 见 教 之 可 以 化 民 也③，是

gù xiān zhī yǐ bó ài④　ér mín mò yí qí qīn　chén
故 先 之 以 博 爱④，而 民 莫 遗 其 亲；陈

zhī yǐ dé yì　ér mín xīng xíng⑤　xiān zhī yǐ jìng ràng
之 以 德 义，而 民 兴 行⑤；先 之 以 敬 让，

◎ 注释

①〔是以〕因此。②〔其政不严而治〕古之从政，政、教并行，政即政令。严，严苛。治，治理。③〔先王见教之可以化民〕教，即教化。化民，感化人民。④〔是故先之以博爱〕是故，因此。先之，自己率先垂范。博爱，广泛无边的爱。⑤〔陈之以德义，而民兴行〕陈，显现、呈示。德，品德。义，道义。兴行，修炼品行。按，儒家提倡德业双修，用礼义引导民众。提倡居上位的统治者，要以德义来为民众做出表率。孔子曰："上亲贤则下择友，上好德则下不隐。"（《大戴礼记·王言》）

◎ 译文

于是他的教化无须板着面孔也可成功，他的政治无须高压强权也可稳定。先代贤明的君主们，就是看到了可以通过教育（孝道）来感化民众，所以他率先提倡博爱，百姓就不会遗弃自己的亲人；表现出德行和道义，百姓就起而落实在行动上；他们又率先做出礼敬和谦让的样子，百姓于是也跟着不争不抢了。

ér mín bù zhēng　dǎo zhī yǐ lǐ yuè　　ér mín hé mù
而民不争；道之以礼乐，而民和睦；①

shì zhī yǐ hào wù　　ér mín zhī jìn　　　　shī yún
示之以好恶，而民知禁。②《诗》云，

hè hè shī yǐn　mín jù ěr zhān
'赫赫师尹，民具尔瞻。③'"

◎ 注释

①〔道之以礼乐，而民和睦〕道，今本作"导"，义通。礼有秩序，故不犯上；乐得和乐，故无怨尤，于是和睦可致。按，礼是规矩，表现为等级秩序；乐是音乐，表现为上下和乐。用礼的规矩来区别不同等级，使人们上下相敬；用乐的共享性来和合上下关系，使人们贵贱相亲。和睦，和谐相处。②〔示之以好恶，而民知禁〕好恶，即奖善罚恶。礼乐主和，属于仁的范畴，政刑就主强制，属于义的范畴。仁、义并施，礼乐与政刑互相辅助。礼义区别贵贱等级，乐文和合上下情绪，好恶则具有区分善恶、令行禁止的作用，用刑罚来禁止暴乱，用爵赏来推举贤能，人人向善避恶，政治就清明、百姓就和睦相处了。③〔赫赫师尹，民具尔瞻〕这两句诗见于《诗经·小雅·节南山》。赫赫，显盛貌。师，太师，周代三公之一。尹，尹氏，为太师。具，俱。瞻，视。意思是说，高高在上的卿大夫们呵，你们是社会的表率、良心的标杆、民众的希望，你们的所作所为，百姓都在看着学着哩！

◎ 译文

又用礼义和音乐来加强宣传，百姓定然就和乐相处了；公开陈列出爱好什么和厌恶什么，百姓就遵守禁令不去踩红线了。《诗经·小雅·节南山》篇说，'威严显赫太师尹，民众仰望学习您。'"

孝治章 第八

zǐ yuē　　　xī zhě míng wáng zhī yǐ xiào zhì tiān xià

子曰："昔者明王之以孝治天下 ①

yě　 bù gǎn yí　 xiǎo guó zhī chén　 ér kuàng yú gōng

也，不敢遗 ② 小国之臣，而况于公、

hóu bó zǐ nán hū gù dé wàn guó zhī huān

侯、伯、子、男 ③ 乎？故得万国 ④ 之欢

xīn yǐ shì qí xiān wáng　 zhì guó zhě　 bù gǎn wǔ yú

心，以事其先王 ⑤。治国者，不敢侮于

◎ 注释

①〔明王之以孝治天下〕明王，盛德博爱之王。此指周天子。以孝治天下，推行孝道来达到天下大治。②〔遗〕忽略，此指失礼。③〔公、侯、伯、子、男〕周代诸侯五等爵位。公、侯地方百里，伯七十里，子、男五十里。④〔万国〕天下诸侯。⑤〔事其先王〕指诸侯前来助祭。

◎ 译文

孔子说："从前以孝治天下的贤明君王，不敢忽略哪怕是卑微小国的使臣，更何况对待公、侯、伯、子、男这些有爵位的诸侯呢？因而获得了天下万国的欢心，一起来奉祀他的先王。（用孝道）治理自己封国的诸侯，不敢侮辱哪怕是没有妻子的鳏夫和丧失夫君的寡妇，更何况是对待自己倚以为治的臣民呢？

guān guǎ　　　　ér kuàng yú shì mín　　hū　　gù dé bǎi xìng
鳏 寡 ①，而 况 于 士 民 ② 乎？故 得 百 姓

zhī huān xīn　　yǐ shì qí xiān jūn　　　　zhì jiā zhě　　bù
之 欢 心，以 事 其 先 君 ③。治 家 者，不

gǎn shī yú chén qiè ④　　ér kuàng yú qī zǐ　　hū　　gù
敢 失 于 臣 妾 ④，而 况 于 妻 子 ⑤ 乎？故

dé rén zhī huān xīn　　yǐ shì qí qīn　　⑥ fú rán ⑦　　gù
得 人 之 欢 心，以 事 其 亲。⑥ 夫 然 ⑦，故

shēng zé qīn ān zhī　　jì zé guǐ xiǎng zhī　　shì yǐ tiān
生 则 亲 安 之，祭 则 鬼 享 之 ⑧。是 以 天

◎ 注释

①〔治国者，不敢侮于鳏寡〕国，谓诸侯国。侮，辱也。鳏寡，年老孤独无依者。②〔士民〕指士、农、工、商四民。士，指在位者。民，指未仕进者。③〔以事其先君〕谓百姓自愿缴纳赋税，诸侯才有可能保障宗庙的祭祀。④〔治家者，不敢失于臣妾〕家，谓大夫管辖之区域。臣妾，家臣与隶妾。⑤〔妻子〕妻子和子女。妻子和儿女都是家中祭祀祖先、传承香火的主人，实为一家所贵，不得失礼。⑥〔故得人之欢心，以事其亲〕指获得家里所有的人（包括妻子臣妾，厮役杂使）的欢心，共同侍奉自己的双亲。⑦〔夫然〕犹言"如此、这般"。夫，语首词。然，指上述"以孝治天下"的天子"不遗小国之臣"，诸侯"不失于鳏寡"，卿大夫"不失于臣妾"，甘露普降，结欢于所有臣民和家人。⑧〔祭则鬼享之〕祭，祭祀献亲于祖先。鬼，指魂归天地的祖先。

◎ 译文

因此能够获得广大民众的欢心，一起来祭祀他们的先君。（用孝道）治理自己封邑的卿大夫们，不敢失礼于最卑贱的臣仆和婢妾，更何况是对待自己的妻子和儿女呢？因此就赢得了众人的爱戴，来服侍自己的双亲。只有这样，父母活着的时候才过得安稳、活得愉快，死后也可以受到祭祀。

xià hé píng　zāi hài bù shēng　　 huò luàn bú zuò
下 和 平①，灾 害 不 生②，祸 乱 不 作③。

gù míng wáng zhī yǐ xiào zhì tiān xià yě rú cǐ　shī
故 明 王 之 以 孝 治 天 下 也 如 此④。《诗》

yún　　yǒu jué dé xíng　sì guó shùn zhī
云，'有 觉 德 行，四 国 顺 之。⑤'"

◎ 注释

①〔是以天下和平〕是以，因此。和平，《孝经》所推崇的一种社会状态：以心感心，故和；无争无斗，故平。《孝经》主张，天子、诸侯、卿大夫只有不失于人，才能得人之欢心，实现"天下和平"，而非靠武力镇压。②〔灾害不生〕指不会有天灾。古者以为天人感应，天灾所生实为人间戾气、阴阳失和所致。孝治天下，阴阳和合，故自然灾害不会发生。③〔祸乱不作〕指不会有人祸。④〔故明王之以孝治天下也如此〕故，所以。如此，这样，指孝治达到的效果。⑤〔有觉德行，四国顺之〕这两句诗见于《诗经·大雅·抑》。觉，大也。四国，四方诸侯。顺，听从，心服。

◎ 译文

如此这般，天下也就祥和太平，天灾不生，人祸不作了。所以说，贤明的君王只要以孝治天下，就会达到这样的效果。《诗经·大雅·抑》篇说，'要有伟大的德行，才使四国来归顺。'"

圣治章 第九

zēng zǐ yuē　　　gǎn wèn　shèng rén zhī dé　　wú yǐ
曾子曰："敢问①圣人之德②，无以

jiā yú　xiào hū
加于③孝乎？"

zǐ yuē　tiān dì zhī xìng　　rén wéi guì④　rén zhī
子曰："天地之性，人为贵④。人之

xíng　mò dà　yú xiào　xiào mò dà yú yán fù⑦　yán
行⑤莫大⑥于孝，孝莫大于严父⑦，严

fù mò dà yú pèi tiān⑧　zé zhōu gōng⑨　qí rén yě
父莫大于配天⑧，则周公⑨其人也。

◎ **注释**

①〔敢问〕谦辞，犹言"斗胆"。②〔圣人之德〕指圣人提倡的所有德目，如仁智勇、义礼信、忠恕等。③〔加于〕即先于、重于。④〔天地之性，人为贵〕人是天地所生万事万物中最特别的。⑤〔行〕德行。⑥〔大〕首要。⑦〔严父〕使父亲获得尊严。⑧〔配天〕祭祀天的时候以亡父配享。父与天同类，故以父配天。⑨〔周公〕姓姬，名旦。周文王之子，辅佐武王伐纣，武王死，又辅佐幼主成王治天下。周公制定礼乐，以父配天祭祀。

◎ **译文**

曾子（小心地）说："我斗胆再问一句，圣人的德行，就没有比孝更重要的了吗？"

孔子（深思着）说："天地万物之中，只有人类自我感觉最良好。人类的德行中，没有比孝道更紧迫的了。在孝道（的所有事项）中，没有比维护父亲地位更重要的了。维护父亲地位，没有比以父配天，同享祭品更隆重的了，此乃周公所制定的"以父配天"的礼制。

昔者，周公郊祀后稷以配天①，宗祀
文王于明堂以配上帝②。是以四海之
内，各以其职来助祭。③夫圣人之德，
又何以加于孝乎？故亲生之膝下，以
养父母日严。④圣人因⑤严以教敬，因
亲以教爱。圣人之教不肃⑥而成，其政

◎ 注释

①〔郊祀后稷以配天〕古代于都城之南郊祭天，故谓之"郊祀"。后稷，是尧臣，周公之始祖。名弃，教民稼穑，号后稷。郊祀祭天，是报答上天生养万物的恩德；以祖先配享，是报答祖先对生命的赐予。②〔宗祀文王于明堂以配上帝〕宗祀，即庙祀。文王，名昌，号西伯，周朝政权的奠基者。明堂，天子布政之官。上帝，天的别号。后稷是周人族群的祖先，文王是周朝政权的奠基人，都应当得到祭祀。③〔是以四海之内，各以其职来助祭〕四海，古时夷蛮戎狄谓之四海，即周边少数民族。按古制，封国按远近有侯、甸、男、采、卫五服之分；按爵位，有公、侯、伯、子、男之别。距离远近不同，等级尊卑有别，各有其职守，各有其职分，也各有其大小贫富，但都要定时按规矩贡献方物，参与王朝之祭祀。④〔故亲生之膝下，以养父母日严〕意谓儿女生于父母膝下，所以要养活父母并使之快乐。亲，犹爱也。膝下，谓孩幼之时。日严，日加尊严。日，又作"曰"。⑤〔因〕根据。⑥〔肃〕严厉。

◎ 译文

当初，周公在制定南郊祭天礼时，以周人始祖后稷配享天神；在制定明堂室内祭祀时，又以他的父亲——文王拿来配享天帝。由于实施这套祭祀制度，使天下诸侯都感到庄严肃穆，各自根据所处位置，恪尽职守（贡献方物），前来协助天子祭祀。圣人的德行，又有什么比这种孝道更高的呢？子女对父母亲的敬爱之心，是在孩童时期依恋于父母亲膝下时就产生了的，随着父母的哺育成长，日益懂得对父母要尊要爱。圣人就因势利导地施行教化：根据儿女对父母天生的尊敬，来教化大家对人要有礼貌；根据子女对父母天然的亲情，来教导大家对人要友爱。圣人教化之所以不费力就获得成功，他们的政治不扰民就得到治理，正是由于他们顺应了孝道的本性。

不严①而治，其所因者本②也。父子之道天性也③，君臣之义④也。父母生之，续⑤莫大焉；君亲临之，厚莫重焉⑥。故不爱其亲而爱他人者，谓之悖德⑦；不敬其亲而敬他人者，谓之悖礼⑧。以顺则逆⑨，民无则焉⑩。不在于善，而皆在于凶德⑪，

◎ 注释

①〔严〕苛严。②〔本〕谓孝道。③〔父子之道天性也〕道，法则，犹言关系。天性，天然本性。父子亲情是天生的、自然而然的。④〔义〕道义，原则。⑤〔续〕连也。谓父子生命前后相续。⑥〔君亲临之，厚莫重焉〕父子之间，不仅有血肉慈爱之亲，还有君臣尊严之义。⑦〔悖德〕悖，反戾，违背。悖德，违背人之常情、德之伦理。⑧〔悖礼〕违背礼义。儒家提倡"老吾老以及人之老"，爱有次第先后。⑨〔以顺则逆〕"顺"读若训。意谓以不择手段、悖德悖礼之人来行教化，必然是倒行逆施，无可取者。⑩〔民无则焉〕则，法也。无父无君，故于民无所取法。⑪〔不在于善，而皆在于凶德〕善，谓吉德，指能爱敬父母。凶德，谓悖德悖礼，指不能爱敬父母。《左传》以孝、敬、忠、信为吉德，盗、贼、藏、奸为凶德。

◎ 译文

父子之间的恩和亲，是天生养成的，其中也体现出君臣般的等级关系。父母养育了儿女，没有比传宗接代、延续生命更伟大的了；父亲对子女实施的教育，犹如君主般庄严，其恩情也是十分厚重的。因此，那些不爱自己亲人却跑去爱别人的人，就是道德的逆子；不知尊敬自己亲人却跑去奉承别人的行为，就是礼法的叛徒。这种连人之常情都敢违背的人，是不会得到百姓认可的。

虽^{suī}得^{dé}①之^{zhī}，君^{jūn}子^{zǐ}不^{bú}贵^{guì}也^{yě}。君^{jūn}子^{zǐ}则^{zé}不^{bù}然^{rán}，

言^{yán}思^{sī}可^{kě}道^{dào}②，行^{xíng}思^{sī}可^{kě}乐^{lè}③，德^{dé}义^{yì}可^{kě}尊^{zūn}④，

作^{zuò}事^{shì}可^{kě}法^{fǎ}⑤，容^{róng}止^{zhǐ}可^{kě}观^{guān}⑥，进^{jìn}退^{tuì}⑦可^{kě}度^{dù}⑧，

以^{yǐ}临^{lín}其^{qí}民^{mín}⑨。是^{shì}以^{yǐ}其^{qí}民^{mín}畏^{wèi}而^{ér}爱^{ài}之^{zhī}⑩，则^{zé}

而^{ér}象^{xiàng}之^{zhī}⑪。故^{gù}能^{néng}成^{chéng}其^{qí}德^{dé}教^{jiào}⑫，而^{ér}行^{xíng}其^{qí}政^{zhèng}

令^{lìng}。《诗^{shī}》云^{yún}，'淑^{shū}人^{rén}君^{jūn}子^{zǐ}，其^{qí}仪^{yí}不^{bú}忒^{tè}⑬。'"

◎ **注释**

①〔得〕实现自己的目标。②〔君子则不然，言思可道〕不然，不如此。道，称扬传播。③〔乐〕乐意遵照实行。④〔德义可尊〕德义，品德和道义。德义可尊，讲修身育德。⑤〔作事可法〕法，谓效法、模仿。作事可法，讲发为事业。⑥〔容止可观〕容，容貌、仪容。止，旨趣。"为人臣止于敬，为人子止于孝，为人父止于慈，与国人交止于信。"诸处之"止"皆"旨趣""追求"之谓。⑦〔进退〕动静也。⑧〔可度〕不越礼法。⑨〔临其民〕君临天下，统治百姓。⑩〔是以其民畏而爱之〕是以，所以、因此。畏，敬畏。⑪〔则而象之〕则，奉为法则。象，学习仿效。⑫〔德教〕道德教化。⑬〔淑人君子，其仪不忒〕这两句诗见于《诗经·曹风·鸤鸠》。淑，善也。仪，行为风范。忒，差也。

◎ **译文**

不从孝的善道上去做工作，而离经叛道地忤逆从事，虽然也会一时得逞，但君子是会鄙弃他的。有品行的君子就不这样，他说话时，会考虑是否得人称道；他做事时，会考虑是否令人喜欢。立德行义，足以使人尊敬；所作所为，足以使人效法；仪容志趣，足以使人仰视；进退行藏，足以为人法度。以这样的行为来治理国家，统驭百姓，大家才会敬畏和爱戴他，仿效他和学习他。因此才能够成就其道德教化，并且推行其政令和法律。《诗经·曹风·鸤鸠》篇说，'文质彬彬美哉君子，仪行旨趣为世良师。'"

纪孝行章 第十

子曰："孝子之事亲也，居①则致其敬②，养③则致其乐④，病⑤则致其忧⑥，丧⑦则致其哀⑧，祭则致其严⑨，

◎ 注释

①〔居〕居家之时。②〔致其敬〕尽其敬礼。③〔养〕蓄养，奉养。④〔乐〕高兴，快乐。⑤〔病〕父母生病。⑥〔忧〕子女的忧虑。⑦〔丧〕父母亡故。⑧〔哀〕子女哀伤。⑨〔祭则致其严〕对祭祀的对象毕恭毕敬，如其神就在眼前。孔子在《论语·八佾》中强调："祭如在，祭神如神在。"

◎ 译文

孔子（进一步）指出："孝子的孝亲行为应该是，平常家居时，能够竭尽对父母的恭敬；在物质供养上，让亲人和悦快乐；当父母生病时，无微不至地照料；当父母去世后，竭尽悲哀地料理丧事；在祭祀亡灵时，认真对待，就像亲人活着一样。这五个方面你都做到了，才能说是尽了孝道。

五者备矣①，然后能事亲。事亲者，居上不骄②，为下不乱③，在丑不争④。居上而骄则亡⑤，为下而乱则刑⑥，在丑而争则兵⑦。三者不除，虽日用三牲之养⑧，犹⑨为不孝也。"

◎ **注释**

①〔五者备矣〕五者，指居敬、养乐、病忧、丧哀、祭严等"五致"。备，齐全，俱备。②〔事亲者，居上不骄〕事亲者，指孝子。在上，居于统治地位。骄，骄横傲慢。③〔为下不乱〕为下，处于下级地位。不乱，不违背礼仪，不扰乱秩序。④〔在丑不争〕丑，类也，在朋辈之中。不争，不要忿争。⑤〔亡〕败亡。⑥〔刑〕触犯刑律。⑦〔兵〕争端，战祸。⑧〔虽日用三牲之养〕日，每天，日日。三牲，即太牢，牛羊猪俱备。⑨〔犹〕仍然。

◎ **译文**

奉行孝道的人，身居高位却不骄横，屈居下位却不作乱，在朋辈之中却不争斗。（因为）身居高位而骄横就会自取灭亡，身处下位而作乱就有牢狱之灾，在朋辈之中争斗就会引来刀兵之祸。骄、乱、争这三项恶行不戒掉，即使你每天烹羊宰牛又杀猪，你父母还是不得安心，也称不上孝子啊！"

五刑①章 第十一

子曰："五刑之属三千②，而罪莫大于不孝③。要君者无上④，非圣人者无法⑤，非孝者无亲⑥，此大乱之道⑦也。"

◎ 注释

①〔五刑〕指墨、劓、膑、宫割、大辟五种肉刑。前数章都是从正面积极地劝孝，乐观地相信"圣人之教，不肃而成；其政，不严而治"。但现实中，仍有不开化、不依教者，则须严厉警示，甚至动用刑罚。故《孝经》于《孝治》《圣治》《孝行》之后，特地设《五刑》一章。②〔三千〕触犯墨、劓、膑、宫割、大辟五刑的三千个科条。《尚书·吕刑》记载，"墨罚之属千，劓罚之属千，剕罚之属五百，宫罚之属三百，大辟之罚其属二百：五刑之属三千。"③〔罪莫大于不孝〕没有比不孝罪更大的了。④〔要君者无上〕要君，要挟君上。无上，目无尊长。⑤〔非圣人者无法〕圣，通天道法则为圣。无法，无视轨范法度。⑥〔非孝者无亲〕非孝，不信孝道。无亲，无视亲情。⑦〔大乱之道〕破坏人伦根基的行为。

◎ 译文

孔子（严肃地）说："墨、劓、膑、宫割、大辟五种肉刑，其犯罪条文有三千之多，其中没有比不孝罪更大的了！胆敢要挟君主，是目无尊长的人；胆敢诽谤圣人，是心无法度的人；胆敢诋毁孝道，是胸无亲情的人。所有这些，都是破坏人伦根基的行为！"

广 要 道 章 第十二

子曰："教民亲爱，莫善于孝①；
教民礼顺，莫善于悌②；移风易俗③，
莫善于乐；安上治民，莫善于礼④。礼

◎ **注释**

①〔教民亲爱，莫善于孝〕孝，善事父母。孔子说："孝，德之始。"《孟子》说："立爱自亲始。"②〔教民礼顺，莫善于悌〕礼顺，遵礼顺法。悌，敬顺兄长。孔子曰："弟，德之序也。"序，即顺序。悌道主张兄友弟恭。③〔移风易俗〕改善风俗习惯。音乐可以反映民风民情，政治兴衰。人情有喜怒哀乐爱恶欲，音乐实可调节之；风俗有美恶隆衰，音乐也可反映之。优雅和乐的音乐，可以改善民风世俗。④〔安上治民，莫善于礼〕礼是制度，是规矩，是仪节，有礼则治，无礼则乱。文明社会的一切活动都离不开礼。

◎ **译文**

孔子（和悦地）说："教民亲热友爱，没有比孝道更好的办法了；教人礼貌恭顺，没有比悌道更好的办法了；转变风气改善旧俗，没有比音乐教化更好的方法了；使上级安心、下民治理，没有比礼教更好的方法了。所谓礼教，就是教人尊敬他人罢了。

者，敬而已矣。① 故敬其父②则子悦，敬其兄③则弟悦，敬其君则臣悦。敬一人而千万人悦④，所敬者寡⑤而悦者众，此之谓⑥要道也。"

◎ 注释

①〔礼者，敬而已矣〕一切礼仪活动皆须持敬，敬是礼的实质内容、主体精神。②〔其父〕指他人之父。③〔其兄〕指他人的兄长。④〔敬一人而千万人悦〕一人，指父、兄、君。千万人，指子、弟、臣。⑤〔寡〕少。⑥〔此之谓〕这就叫作……

◎ 译文

因为尊敬他人的父亲，他的儿子就会高兴；尊敬他人的兄长，他的弟弟就会高兴；尊敬他国的君主，他的臣下就会高兴。尊敬一个人，却赢得千万人的高兴。所尊敬的对象不多，却收获众多的喜悦，这就是无与伦比的妙道啊！"

广 至 德 章 第十三

zǐ yuē　　jūn zǐ　zhī jiào yǐ xiào yě　fēi jiā zhì
子曰："君子①之教以孝也，非家至

ér rì jiàn zhī yě　　　jiào yǐ xiào　　suǒ yǐ jìng tiān xià
而日见之也②。教以孝③，所以敬天下

zhī wéi rén fù zhě yě　jiào yǐ tì　suǒ yǐ jìng tiān xià
之为人父者也；教以悌，所以敬天下

◎ **注释**

①〔君子〕此处指在上的统治者。②〔非家至而日见之也〕"家"和"日"，这里都是副词，犹家家、日日。家至，一家一家地登门。日见，日复一日地面对。③〔教以孝〕指朝廷树立"敬事三老"的典范，达到教天下人孝亲的目的。

◎ **译文**

孔子（继续）说："君子教人行孝，不是挨家挨户、日复一日地去当面说教。（而是）示范性地行孝道，就会让天下之人都孝敬他们的父亲；示范性地行悌道，就会使天下之人都尊敬他们的兄长；示范性地讲忠道，就会使天下臣子都尊敬他们的君主。

zhī wéi rén xiōng zhě yě　　jiào yǐ chén　　suǒ yǐ jìng tiān
之为人兄者也；① 教以臣②，所以敬天

xià zhī wéi rén jūn zhě yě　　　shī yún　kǎi tì jūn
下之为人君者也。《诗》云，'恺悌君

zǐ　mín zhī fù mǔ　　　fēi zhì dé　　qí shú néng shùn
子，民之父母。③' 非至德，其孰能顺

mín　　rú cǐ qí dà zhě hū
民④，如此其大者乎？"

◎ 注释

①〔教以悌，所以敬天下之为人兄者也〕指朝廷树立"敬事五更"的典型，使天下之人都敬其兄。
②〔教以臣〕指诸侯要朝见天子，尽为臣的义务。③〔恺悌君子，民之父母〕这两句诗见于《诗经·大雅·泂酌》。恺悌，又作"岂弟"，也就是"快乐平易"的意思。民之父母，是说百姓像爱戴父母一样爱戴他。
④〔顺民〕因民本性而启发之。

◎ 译文

《诗经·大雅·泂酌》篇说，'君子和乐且平易，民众待他如父母。'要不是倡导孝道这个至德，又怎能教化百姓，创造这样伟大的事业呢！"

广扬名章 第十四

子曰：“君子①之事亲孝，故忠可移于君②；事兄悌③，故顺可移于长；居家理，故治可移于官④。是以行成于内，而名立于后世矣。⑤”

◎ 注释

①〔君子〕此处指有道德有修养的士人。②〔忠可移于君〕移孝作忠，将对父的孝敬移作对君主的忠诚。③〔悌〕敬爱兄长，其实质是顺从。④〔居家理，故治可移于官〕理，此指具有条理。治，此指治理能力。官，即公室。"五帝官天下"，即以天下为公。⑤〔是以行成于内，而名立于后世矣〕行成，孝行圆满，此指能行孝亲、悌兄、理家三者又可以推广者。内，非仅指家内，也指内在具备以上三种可能和潜质。名，美名，回应首章"立身行道，扬名于后世"。

◎ 译文

孔子又说："一个君子，他侍奉亲人能够克尽其孝，这份孝心可以移作对国君的忠诚；他侍奉兄长能完全地礼敬，这份悌道可以移作对长上的敬顺；他治家能够处理得井井有条，这个能耐可以拿来参与国家的治理。因此说，能将内在的孝悌忠信、修身齐家做好，其美名自然也就可以永垂于后世了！"

谏①诤章 第十五

曾子曰："若夫慈爱、恭敬②，安亲、扬名③，则闻命④矣。敢问子从父之令⑤，可谓⑥孝乎？"

子曰："是何言与？是何言与⑦？昔者天子有争臣七人⑧，虽无道，不失其

◎ 注释

①〔谏诤〕章题中的"诤"字，《释文》本作"诤"，《治要》及各本作"争"。《释文》于"欲见谏诤之端"下云："诤，斗也。"是其本亦作"争"，今本为后人所改。②〔慈爱、恭敬〕指孝道之原理。细分之则是，上对下曰慈，平辈为爱，弟对兄曰恭，下对上为敬。③〔安亲、扬名〕指孝子之志行，孝养亲人，立身行道，扬名后世。④〔闻命〕敬辞，在下者听教于长上，则称闻命。⑤〔令〕命令。⑥〔谓〕称得上。⑦〔是何言与〕《古文孝经》此下有"言之不通也"，盖误司马光《指解》注入经。⑧〔天子有争臣七人〕争臣，即诤臣，直言敢谏之臣。七人，指"三公"（太师、太保、太傅）和左辅、右弼、前疑、后承七位重臣。

◎ 译文

曾子（又冒昧地）说："像慈爱、恭敬、安亲、扬名这些孝道名目，我已经听懂了。斗胆再问一下：儿子完完全全地听命于父亲，就称得上是孝了吗？"

孔子（声色俱厉地）说："这是什么话哟！这是什么话哟！从前，天子的前后左右如有敢于忠言劝谏的诤臣七人，纵然昏庸无道，也不会失去他的天下。

tiān xià zhū hóu yǒu zhèng chén wǔ rén
天 下；诸 侯 有 争 臣 五 人①，

suī wú dào bù
虽 无 道，不

shī qí guó dà fū yǒu zhèng chén sān rén
失 其 国；大 夫 有 争 臣 三 人②，

suī wú dào
虽 无 道，

bù shī qí jiā shì yǒu zhèng yǒu zé shēn bù lí yú lìng
不 失 其 家；士 有 争 友，则 身 不 离 于 令

míng fù yǒu zhèng zǐ zé shēn bú xiàn yú bú yì
名；③ 父 有 争 子④，则 身 不 陷 于 不 义。

gù dāng bú yì zé zǐ bù kě yǐ bú zhèng yú fù chén
故 当 不 义，则 子 不 可 以 不 争 于 父，臣

bù kě yǐ bú zhèng yú jūn gù dāng bú yì zé zhèng zhī
不 可 以 不 争 于 君。故 当 不 义 则 争 之，

cóng fù zhī lìng yòu yān dé wéi xiào hū
从 父 之 令，又 焉 得 为 孝 乎？"

◎ **注释**

①〔五人〕指天子任命辅佐诸侯的孤卿，及本国之三卿与大夫。②〔三人〕指辅佐大夫的家相、室老、侧室。③〔士有争友，则身不离于令名〕令，善。士卑无臣，故以贤友助己。④〔父有争子〕指父有不义，子当谏之。

◎ **译文**

诸侯若有直言能谏的诤臣五人，即使昏聩平庸，也不会失去他的封国；卿大夫若有仗义敢谏的臣属三人，就算不学无术，也不会失去他的封邑。读书的士人有坦诚规劝的朋友，就不会让美好的名声从自己身边溜走；父亲有善于劝谏的儿子，就不会使自己陷于不义的境地。因此，遇到不合道义的时候，儿子不可以不极力劝阻其父，臣子也不可以不尽心谏诤其君。所以，对于不合道义的人和事，就要敢于极力谏诤和劝阻。只是一味地遵从父亲的命令，又怎能称得上是真正的孝子呢？"

感 应 章 第十六

子曰："昔者明王事父孝，故事天
明①；事母孝，故事地察②；长幼顺，
故上下治。③天地明察，神明彰矣④。
故虽天子，必有尊也⑤，言有父也；

◎ **注释**

①〔明〕指明于天之道，遵守自然法则。古者宣称君权神授，《白虎通》："王者父天母地。"蔡邕《独断》："天子父事天，母事地，兄事日，姊事月。"②〔察〕通晓地理、明白地利，实行尽地力之教。③〔长幼顺，故上下治〕长幼顺，指伦理的和睦。上下治，指政治的和谐。④〔神明彰矣〕神明，神而明之，指阴阳变化，神妙莫测。彰，明白通晓。⑤〔必有尊也〕必有所尊，事之若父，即"三老"。

◎ **译文**

孔子（语重心长地）说："从前，贤明的君王事奉父亲孝顺，因而在面对上天时就能明白自强不息的天道；事奉母亲孝顺，因而在对待大地时就能明察厚德载物的地道；理顺了长幼秩序，因此上下等级关系也就迎刃而解了。能够明察自强不息和厚德载物的天地之道，阴阳变化、福善罚恶的神明感应就会显示出来。所以纵然贵为天子，也必须要有他所尊敬的人（如三老），这标志着他心里怀有对父亲的孝道；（贵为诸侯）必然要有他所礼遇的人（如五更），这表示他心里怀有对兄长的悌道。

必有先也^①，言有兄也。宗庙致敬，不忘亲也；修身慎行，恐辱先也。^②宗庙致敬，鬼神^③著^④矣，孝悌之至，通于神明^⑤，光^⑥于四海，无所不通。《诗》云，‘自西自东，自南自北，无思不服。^⑦’”

◎ 注释

①〔必有先也〕必有所先，事之若兄，即“五更”。②〔修身慎行，恐辱先也〕修身，指不敢毁伤。慎行，指不历危殆。“修身”，犹言“立身”；“慎行”，犹言“行道”。一者以孝悌修其身，一者以礼乐成其行。有此二者，进入宗庙，祭祀祖先，乃得临享。③〔鬼神〕指逝去的父母。古人认为，人死后魂归为鬼，魄升为神。④〔著〕犹言“显灵”，即降临享用，福佑子孙。⑤〔孝悌之至，通于神明〕孝子行孝，乃“天之经，地之义”，上敬天，下法地，孝行中也体现出天地变化之理，故也可以沟通神明之德。⑥〔光〕显耀，光大。⑦〔自西自东，自南自北，无思不服〕这两句诗见于《诗经·大雅·文王有声》。自，由也。此诗本指武王于镐京（今陕西西安长安区西北）行辟雍之礼，自四方来观者，皆感化其德心，无不归服。此指孝行感天下，人人服从。

◎ 译文

他要到宗庙里亲自致敬，借以表达没有忘记逝去的亲人。修养心性，谨小慎微，唯恐言行过失有辱先人；在宗庙恭恭敬敬地祭祀，祖先神灵才会降临享受。将孝道发挥到极致，就可以感通阴阳造化和天地神明，孝德会光耀于四夷八荒，任何地方、任何族群，都会一致认同。《诗经·大雅·文王有声》篇就说，‘从西到东，从南到北，无处不信，无人不服。’”

事君章 第十七

子曰："君子之事上①也，进思尽忠②，退思补过③，将顺其美④，匡救其恶⑤，故上下⑥能相亲也。《诗》云，'心乎爱矣，遐不谓矣⑦，中心藏⑧之，何日忘之。'"

◎ **注释**

①〔上〕君主。②〔进思尽忠〕进见于君，则思尽忠节。推而广之，凡接受任用者都可称"进"，犹言"仕进""知遇"。③〔退思补过〕退归私室，则思补救君主言行之过。④〔将顺其美〕将顺，犹言"奉旨而行"。其美，指君主的善言善行。⑤〔匡救其恶〕匡，正也。救，止也。匡正君主的错误，挽救君主的恶果。⑥〔上下〕君臣。⑦〔心乎爱矣，遐不谓矣〕心乎，心心念念。爱，所爱之人。遐，远。谓，勤。⑧〔藏〕原诗当作"臧"。郑玄笺《诗经》："臧，善也。"

◎ **译文**

孔子说："君子出门事君，在朝时要尽忠办事为国效力，退朝后要思考弥补君过。对于君主的善言善举，要响应执行；对于君王的失言失德，要尽力匡正补救。因此，君臣上下才能亲近相倚。《诗经·小雅·隰桑》篇说，'心中念念爱君王，岂畏疏远道路长？忠君爱民在心田，哪怕地老又天荒！'"

丧亲章 第十八

子曰："孝子之丧亲①也，哭不偯②，礼无容，言不文③，服美不安④，闻乐不乐⑤，食旨不甘⑥，此哀戚之情

◎ 注释

①〔丧亲〕因失去亲人而举行的丧礼，这里主要指居父母之丧。②〔偯〕哭的余声。按，古代服丧，斩衰是号啕大哭，气尽而已；齐衰，大哭而可换气；大功之偯，是哭而婉转，有声有泪有言。③〔礼无容，言不文〕无容，不打扮。不文，不修饰。④〔服美不安〕居丧期间，只当以衰为衣，麻为结，穿上华美的服饰，内心会感到不安。⑤〔闻乐不乐〕居丧心衰，闻雅乐亦不会快乐。⑥〔食旨不甘〕旨，美味。甘，味美。

◎ 译文

孔子（神情黯然地）说："孝子要为逝去的亲人服丧，哭起来要声嘶力竭，不要有悠长婉转的调门；针对吊唁者的回礼，不要有任何文饰；回答的言语，也不要有任何文采；穿上华美的服饰，会感到惴惴不安；听到美妙的音乐，会感到非常难过；吃到美味的食物，会觉得淡然无味，这些都是居丧期间应有的悲情。

也。三日而食，教民无以死伤生，①毁不灭性②，此圣人之政③也。丧不过三年④，示民有终也。为之棺椁、衣衾⑤而举之，陈其簠簋⑥而哀戚之。擗踊⑦哭泣，哀以送之；卜其宅兆，

◎ **注释**

①〔三日而食，教民无以死伤生〕《礼记·间传》记载："斩衰，三日不食。"伤生，违害生存者。②〔毁不灭性〕毁，哀毁。性，生也。③〔政〕指制度、礼制。④〔丧不过三年〕斩衰之丧，为期三年，实二十七个月。⑤〔棺椁、衣衾〕装尸为棺，装棺为椁，即内外棺。裹身为衣，遮体为衾。⑥〔簠簋〕都是古代食品，也可用作祭器。⑦〔擗踊〕又作辟踊，犹言捶胸顿足。行跪拜礼，一踊有三拜；三踊为九拜。

◎ **译文**

父母死后三天就要吃东西，这是教人们不要因失去亲人而损害自己的身体，不要因过度哀毁而灭绝人的本性，这是圣人设置礼教的基本原理。最长的丧期（斩衰）也不超过三年，这是告诉人们丧痛终究是要过去的。（料理后事）要为逝去的父母准备好内棺、外椁、冥衣和冥被，（按照礼仪）将亡亲遗体捧放在棺内；再陈列上圆形的簠、方形的簋等祭器，（装满贡品）以寄托无限的哀痛。（祭奠时节）要捶胸顿足，号啕大哭，十分哀痛地送灵出殡。墓地要谨慎占卜，以求吉穴安葬。

ér ān cuò zhī   wéi zhī zōng miào   yǐ guǐ xiǎng zhī
而安厝之。①为之宗庙，以鬼②享之；

chūn qiū jì sì   yǐ shí sī zhī   shēng shì ài jìng sǐ
春秋祭祀，以时思之。③生事爱敬，死

shì āi qī   shēng mín zhī běn   jìn yǐ   sǐ shēng zhī yì
事哀戚④，生民之本⑤尽矣，死生之义

bèi yǐ   xiào zǐ zhī shì qīn zhōng   yǐ
备矣⑥，孝子之事亲终⑦矣。"

◎ **注释**

①〔卜其宅兆，而安厝之〕宅，葬地。兆，吉兆也。厝，即措，指下葬。古人强调"入土为安"，故曰"安厝"。②〔鬼〕即逝去父母的灵魂。《礼记·祭法》："人死曰鬼。"③〔春秋祭祀，以时思之〕春季和秋季，都要按时祭祖。④〔生事爱敬，死事哀戚〕生则事父母以爱敬之道，死则事之以哀戚之情。⑤〔生民之本〕指养老送终。⑥〔死生之义备矣〕死生之义，指荣死哀之义。备，完备，周全。⑦〔终〕指父母从生到死全过程结束。

◎ **译文**

（葬后）要兴建庙宇（或设立神主），对亡灵给予恭敬地祭享。春秋两季要举行大祭，四时新谷要先敬祖先，以表示对逝去亲人的无限思念和感恩之情。亲人在世时竭尽爱敬来侍奉他们，亲人去世后又怀着悲戚之情来居丧和祭奠，这样就完成了普通大众在孝道方面的要求，尽到了对亲人养生送死的基本义务，一个孝子侍奉亲人的全过程也就完满了。"

经典故事链接

孔子教子

有一次，孔子独自站在堂上，儿子孔鲤恭敬地从庭院里走过。孔子问："你学《诗》了吗？"孔鲤回答说："没有。"孔子说："不学《诗》，出言答对就会不合适。"孔鲤就回去学《诗》了。又有一天，孔子独自站在堂上，孔鲤正好快步从庭院经过。孔子问道："你学《礼》了吗？"孔鲤回答说："没有。"孔子说："不学习《礼》，就不懂得怎样立足于社会。"孔鲤就回去学《礼》了。

周公忠心辅成王

武王伐纣取得了重大胜利，商朝灭亡，周朝建立，改朝换代的壮举耗尽了周武王的心力，他病倒了，而且病得很厉害。上古时期，医学技术很落后，人们在很多时候只能靠祷告来祈愿病人恢复健康。周公姬旦是武王的弟弟，他为了让哥哥早日恢复健康，就举行了隆重的祷告仪式，愿意用自己的性命换取武王的健康，并且把这个心愿写成文字封存在一个盒子里。幸运的是，在周公祷告之后，武王的病慢慢好了起来。

又过了几年，武王再次病倒，这一次，药物和祷告都未能保住他的生命。临终之前，他将王位传给了儿子姬诵，就是周成王。因为姬诵的年纪还小，武王就让自己劳苦功高、忠心耿耿的弟弟周公旦来辅政。

然而，武王的另外两个弟弟——管叔和蔡叔（上古时期，贵族常以封地为姓氏，作为族群的标志，"管"和"蔡"是两人的封地）密谋夺取政权。他们散布流言，说周公想夺位自立为王。流言很快传播开来，成王也开始怀疑周公。为了证明自己的清白，周公只好辞去了职务，回家闲居。

　　管叔和蔡叔见周公隐退，成王年幼，乘机联合纣王的儿子武庚发动叛乱。突如其来的叛乱让年幼的成王慌了手脚，不知道该怎么办才好。情急之下，他想到了退隐的叔叔周公，于是赶忙命人请他来帮助自己平叛。

　　周公虽然隐退，但他一直心系朝政，为自己年幼的侄儿担忧。当此危难之时，周公不计前嫌，亲自带兵出征，将叛军打得七零八落，很快就平息了叛乱。

　　平叛之后，周公献给成王一首诗，题为《鸱鸮（chī xiāo）》。这诗是他在隐居期间写的，诗中塑造了一只历经灾变仍不屈不挠的母鸟形象，借它之口来控诉猛禽鸱鸮以及自然灾害给自己带来的不幸，隐含了周公虽然遭到误解但仍然心系国家命运的强烈情感。

　　年幼的成王读了这首诗以后若有所悟，但对周公仍然心存怀疑。不久以后，他又因机缘巧合打开了保存周公为武王祈祷的文书的盒子。周公对兄长的真挚情感终于打动了成王，他再也不怀疑自己的叔叔了。叔侄俩从此同心协力，将国家治理得兴旺发达。周公辅政的故事传为美谈，而他所写的诗歌也保存在《诗经》中流传至今，"鸱鸮"这个意象也成了侵略者、小人的代称，在后世文学作品中屡有出现。

汉文帝孝亲

世咸嘉生而恶死，厚葬以破业，重服以伤生，吾甚不取。

——汉文帝

　　汉文帝刘恒（前202—前157），是汉高祖刘邦的第四个儿子。

　　汉文帝在位二十三年，其基本国策就是休养生息。他励精图治，从谏如流，提倡节俭，轻徭薄赋，行仁政，养民生，汉初的社会经济因而得以迅速恢复，百姓都能够安居乐业。司马迁在《史记·孝文本纪》中这样评论汉文帝："汉兴，至孝文四十有余载，德至盛也。"也就是说，汉朝立国至文帝已有四十余年了，文帝治国，德行最好。

汉文帝从小就奉行孝道。他被封为代王时，生母薄太后与他住在一起。刘恒与母亲感情深厚，倾心侍奉母亲，尽力让她感到快乐和满足。薄太后身体虚弱，常患病，曾连续三年卧病在床。三年里，汉文帝每日勤理朝政，下朝后便衣不解带地陪伴在薄太后病床前。煎好的汤药，他总要亲自尝过才放心让母亲服用。待母亲的身体终于康复，他却由于操劳过度累倒了。

汉文帝的仁义和孝顺感动了天下人，他对亲人的孝、爱、敬，又延伸到对百姓的"爱亲者，不敢恶于人"，"敬亲者，不敢慢于人"，自己成为一个榜样，也教育了百官与百姓。加上他治国有方，国家一派兴旺景象，他的儿子汉景帝继承了他的各项政策，社会安定，经济繁荣，历史上把汉文帝、汉景帝在位期间的繁荣局面称为"文景之治"。

温公爱兄

聪明机智的司马光长大后做了宰相，死后被追封为温国公，人称"司马温公"。他很有贤德，尤其是他敬爱自己的兄长，被后世传为佳话。

司马光很尊敬自己的哥哥司马旦。司马旦老后，司马光像对待父亲一样服侍他，像对小孩子一样保护他。每逢吃饭稍迟了些，司马光就问哥哥："您已经饿了吧？"天气才有点转凉，他就摸着哥哥的背问道："您的衣服太薄了吧？"

鞠躬尽瘁，死而后已

诸葛亮（181—234），字孔明，号卧龙，三国时期蜀汉丞相，杰出的政治家、军事家。诸葛亮辅佐刘备、刘禅两代君主，任蜀相近三十年，位极人臣，权盖朝廷，但他一生克己奉公，恪尽职守。

为实现匡复汉室的宏伟大业，诸葛亮先后五次率军北伐。军中事务，无论大小，他都亲自过问，以致积劳成疾，病倒在五丈原前线大营中。诸葛亮想到自己未能完成先主遗愿，不禁老泪纵横。临终之际，他将军国大事、自己的继任者等一一作了交待，又把自己死后如何退兵也嘱托给了身边的大臣杨仪。最后，他艰难地说道："我死后，一定要把我葬在汉中定军山，丧事务必求简，依山造坟，墓穴只要能放下一口棺材即可。入殓时，要穿上平时的便服，不要放置任何陪葬品……"他的声音越说越低，终于什么也听不到了。丞相为国家操劳一生，临终要求竟如此之简，周围的人又感动又悲痛，无不失声恸哭。

"三顾频烦天下计，两朝开济老臣心。出师未捷身先死，长使英雄泪满襟。"诸葛亮去世后，蜀国君臣百姓特地修建祠庙，以纪念这位"鞠躬尽瘁，死而后已"的一代名相。

子路负米

孔子有个弟子叫子路，非常孝顺。子路从小家境贫寒，经常以野菜充饥，却从百里外背米回来供养父母。无论严冬酷暑，风雨无阻。

有一次遇到大雨，子路就把米袋藏在自己的衣服里，宁愿淋湿自己也不让大雨淋到米袋。

双亲去世后，子路做了大官，过着很富足的生活。但他却常常怀念父母在世时，自己吃野菜充饥而去百里外背米供养双亲的日子。

江革孝母

东汉初年，临淄有个人叫江革，字次翁，他从小失去了父亲，和母亲相依为命。

那时各地战乱不断，盗贼四起。盗贼不仅抢财物，还常常把家中的男子抓去，逼着他们入伙。江革为了避乱，干脆背着母亲弃家出走去逃难。母亲年迈，腿脚不方便，为了尽量减轻母亲的颠沛流离之苦，江革就整天背着母亲奔波。走着走着，母亲渴了，江革立刻讨水给母亲喝；母亲饿了，他竭尽所能为母亲准备可口的食物；天色将晚，他就想方设法找避风暖和的住处，使母亲能踏实地安歇。在仓皇逃难之时，江革时刻想到的是母亲的安全，全然忘记了自己的饥饿和疲劳。

在逃难的路上，许多人见到江革都肃然起敬，但也有少数人对他不理解，因为在这样艰难的境况中，一个人逃生都很难，更何况背负着白发苍苍的高堂老母。无论是称赞还是讥讽，江革都坦然面对，在他看来，一个人活在世上的头等大事是孝顺父母，别人的评价无足轻重，不用放在心上。

逃难途中，江革母子多次遇到盗贼，想要把江革劫去。每当面临这种情形，江革便会在盗贼面前苦苦哀求，痛哭流泪。盗贼看到江革如此诚心诚意地哀求，被他的孝心所感动，所以也不忍杀他，更不忍把他劫走。就这样，江革屡次感动盗贼，化险为夷。

战乱平息之后，江革背着母亲，千里迢迢流落到下邳县，在这里居住下来。在举目无亲的异乡，江革非常贫穷，衣不蔽体，也没有钱买鞋子穿，打着赤脚为别人当佣人，赚取微薄的收入来维持生活。江革省吃俭用，把最好的物品拿来孝养母亲。凡是母亲日常生活必需的用品，没有一样缺乏，母亲需要用的、吃的、穿的，江革尽最大的努力，没有一样不替母亲准备好。因为对母亲无微不至的孝心，乡里都称他为"江巨孝"。

曾子护身以尽孝

曾子病重，他把学生召集到身边来，说道："看看我的脚！看看我的手（有没有损伤）！《诗经》上说，'战战兢兢，如临深渊，如履薄冰。'从今以后，我知道我的身体不会再受到损伤了，弟子们！"

这里，曾子借用《诗经》里的三句诗，来说明自己一生谨慎小心，避免损伤身体，能够对父母尽孝。在《孝经》第一章中，孔子曾对曾参说过："身体发肤，受之父母，不敢毁伤，孝之始也。"就是说，一个孝子，应当爱护父母给予自己的身体，包括头发和皮肤都不能有所损伤，这是孝的开始。曾子在临终前要他的学生们看看自己的手脚，以表明自己的身体完整无损，一生都在遵守孝道。

车胤读《孝经》

车胤小时候奋发苦读，博学多艺，后来长大为官，也依然保持着爱读书的好习惯。

有段时间，晋孝武帝将要给大臣们讲《孝经》，谢安、谢石两兄弟便在自己家中和一些人互相讨论学习，车胤也在其中。他听后有疑难，但又不敢问谢家兄弟。于是，他对袁羊说："我不问吧，怕把精彩的讲解遗漏了；多问吧，又怕劳烦谢家兄弟。"袁羊说："我看他俩绝不会因你多问而厌烦的。"车胤问道："你怎么知道呢？"袁羊说："哪里见过明亮的镜子厌倦人们常照，清澈的流水害怕和风吹拂呢？"

陆绩怀橘

陆绩是东汉末年吴郡人，从小就喜爱读书，而且懂得许多道理。有一次，父亲带他去参加聚会，他坐在后面。在讨论问题时，有的大人提出用武力解决当时的混乱局面，陆绩听了很不赞同，在后面大声说："这是错的！管仲不是用武力，而是用自己的德行感动各国，匡正天下，连我这么小的孩子都知道，为什么你们大人却不知道呢？"人们对他的话语惊叹不已，陆绩的神童之名由此传开。

陆绩不仅聪慧过人，还非常有孝心。他的父亲陆康曾任庐江太守，与当时的大军阀袁术关系很好。陆绩6岁的时候，有一天随父亲去拜会袁术，袁术用橘子来招待他们。

长辈谈话的时候，陆绩就坐在一旁剥橘子吃。这橘子甘甜汁多，是难得的美味。陆绩吃完一个，伸手再拿第二个的时候，忽然想起：母亲最爱吃的水果就是橘子了，可她从来没有尝过这么好吃的橘子。想着想着，陆绩的眼前就浮现出母亲慈爱的笑容……于是，他忍住自己再吃橘子的念头，小心翼翼地拿了三个橘子装进怀里。陆绩想：要是把这些橘子带给母亲，她该多高兴啊！

大人们谁也没有察觉到陆绩的这个小动作。等到父亲带他准备告辞的时候，只见陆绩两臂夹紧，双手抱在胸前，小心翼翼地从椅子上滑下来，随同父亲走到主人面前，施礼告别。

谁知道，就在陆绩下拜的时候，橘子从他怀里掉了出来。袁术笑了，认为小孩子贪吃，就故意逗他："你来我府上做客，我拿橘子招待你是出于礼节，可你为什么要将橘子私藏起来呢？"袁术问这话是想看看小孩子的窘态，也是对陆绩偷拿橘子的小小责难。年幼的陆绩听了袁术的问话，再次跪拜回答道："大人所赐的橘子甘甜可口，是难得的佳品，我怎么能一个人独自品尝呢？这几个橘子我藏起来，是想拿回家里给母亲品尝。"

袁术听了这话大为吃惊：一个6岁的孩子，竟然能在吃到可口食物时想到给母亲品尝，这份孝心真是难能可贵。于是他非但没有再为难陆绩，还对他怀橘事亲的行为大加赞赏。这件事情传开以后，人们纷纷称赞年幼的陆绩是少有的孝子，"怀橘遗亲"也就作为称赞孝道的一个成语流传开了。

花木兰替父从军

南北朝时期，北魏有一位名叫花弧的将军，他有个女儿叫木兰，从小活泼好动，喜欢跟着他学习武艺，15岁时武艺就和他不相上下了。

木兰15岁这年，游牧民族柔然人不断来侵犯。朝廷规定，每家都要出一名男子上前线。这可愁坏了全家人：木兰的父亲年事已高，且有病在身，弟弟年幼，这可怎么办呢？木兰思考再三，决定女扮男装，替父从军。征得父亲的同意后，木兰便奔赴战场。

边关异常艰苦，但都难不倒木兰。烧火做饭，缝补衣裳，木兰很拿手；战场厮杀，她善于动脑，带领大伙儿智攻智取，没过多久，她就被元帅封了个小头领。连敌军都知道了，北魏有个英俊的花小将，智勇双全，无人可敌。

赶走了侵略者，木兰和伙伴们一起回到朝廷。皇帝论功行赏，看到年轻的花小将，当即要封她为尚书郎。但木兰不想做官，只希望骑上千里马，早日回到故乡，回到父母身边。皇帝答应了木兰的请求，让她与父母、家人团聚。

宽厚仁惠的杜畿

东汉末年的杜畿（163—224），幼年丧母，继母对他很苛刻，但他对继母很孝顺。杜畿后来担任郑县县令，刚到任时，县里有几百名囚犯，杜畿亲自审理案件，并根据他们罪行的轻重进行裁决，裁决后就放走他们。这样做虽然不是很恰当，但人们对他与众不同的做法感到惊奇。

杜畿崇尚宽厚仁惠，治理百姓顺其自然。曾有打官司的老百姓，杜畿亲自接见，给他们讲道理，叫他们回去仔细想想。若还有想不通的，就再给他们讲。父老乡亲批评打官司人的说："有这样好的府君，怎么能不听从他的教诲呢？"从此很少有人寻衅滋事打官司了。

在杜畿管辖的属县，所有的孝子、贞妇，都被免去了赋税徭役。百姓勤于劳作，家家都富裕了起来。杜畿说："老百姓富起来了，不可不教化。"于是在冬天组织青壮年练武，又开设学堂。杜畿亲自讲学，郡中形成了良好的民风。

卜式疏财救国

卜式，西汉名臣。他自幼家境贫寒，上不起学，以种田和放牧为生。父母双亡后，卜式与幼小的弟弟相依为命，等到弟弟成人后，卜式把田地房屋等财产全部给了弟弟，自己只带走一百多只羊，入山放牧，后以牧羊致富。汉武帝时，匈奴屡犯边境，卜式上书朝廷，愿以家财之半捐公助边。汉武帝便派遣使者问他是想做官还是家有冤屈打算上告。卜式回答道："天子讨伐匈奴，我认为有能力的人应该到前线拼死作战，有钱财的人就应该捐献钱财，资助军队。这样我们大汉就能把匈奴消灭了。"汉武帝深受感动，意欲授他以官职，但卜式辞而不受。

后来，因大量贫困民众流离迁徙，都靠朝廷供给吃住，朝廷无力承担全部费用，卜式便拿出二十万钱给河南的郡守，用来接济贫民。河南郡守上报了当地富人资助贫民的名册，武帝看见卜式的名字说："这不就是从前想捐出一半家财给国家助边的那个人吗！"于是，武帝赏赐卜式，把四百戍边人的十二万给养钱归还给他，但卜式又把这些钱交给朝廷。武帝特别尊重他，并以他为榜样教化百姓。

辞让国君之位的兄弟——伯夷、叔齐

三千多年前，商朝有一个诸侯国叫孤竹国（今河北卢龙一带），国君有三个儿子，长子名叫伯夷，次子名叫公望，最小的名叫叔齐。叔齐是三人中治国才能最强的，所以孤竹君想把国君之位传给他。但是长子伯夷也很优秀，很多人也拥护他，认为伯夷才应该是国君的继任者。究竟该让谁来继承大位，成了孤竹君心头最大的难题，一直到他离世也未能做出一个最终决定。

孤竹君去世以后，叔齐对伯夷说："大哥，你年龄比我大，阅历比我丰富，国君位子该你来坐。"伯夷却推辞说："我们都知道父亲生前是想把王位传给你的，而且也有过这样的表示，所以这个位子应该是你的。"两个人让来让去，谁都不肯做国君。伯夷心想："只要我在国内，弟弟肯定要把王位让给我，所以我得离开，这样他才会做国君。"于是伯夷简单收拾了一下行装，匆匆离开了孤竹国。听说哥哥离开了孤竹国，叔齐既感激又愧疚，他想："哥哥是因为怕影响我做国君才离开的，我怎么能就真的坐上国君之位呢？那样岂不是我假装辞让，实际是逼着我的嫡亲兄长离开自己的国家吗？为了表明心迹，我也得离开这里。"于是叔齐也悄悄离开了孤竹国。两个人都离开了，但是国君总得有人来做啊，大家只好推举公望做了国君。

国君是一国的最高掌权者，多少兄弟为了这个位子不惜刀兵相见，伯夷、叔齐却能做到互相谦让，甚至不惜离国辞家，实在难能可贵。因此，古人把他俩的事迹作为谦让的典型，用诗歌、散文等多种文学体裁歌颂赞扬，二人的事迹也成了一个流传很广的典故。

杨翥（zhù）卖驴

杨翥（1369—1453）字仲举，明代吴县（今江苏苏州）人。他德高望重，曾在明代宗（朱祁钰）时期担任礼部尚书。当时他住在京城，他的邻居是一位老翁，正好老来得子。有一次，杨翥坐着一头毛驴从邻居家门前经过，邻居家的小孩听见毛驴的叫声，吓得哭闹起来，于是杨翥卖掉了自己的毛驴，改为徒步出行。还有一次，天下了很长时间的雨，邻居家的墙被雨水洞穿了，雨水流到了杨翥家中，造成了大面积的积水，家人想找邻居理论，杨翥却说："下雨的时候少，天晴的时候多，有什么好争的呢？"后来金水河大桥建成，皇帝下诏让有德行之人试过大桥，朝中大臣首先就推举了杨翥。

"六尺巷"的由来

清代桐城人张英、张廷玉父子从政于康熙、雍正、乾隆三朝，人称父子双宰相，"六尺巷"说的就是张英的故事。

康熙年间，张英老家的府第与吴宅为邻。有一年，吴家建房子时占据张家的空地，张家不服，双方发生了纠纷，互不相让，于是告到了县衙门。因为张吴两家都是显贵望族，县官左右为难，迟迟不能判决。张英家人见有理难争，就写信向张英告知此事，想让身居高位的张英给家中撑腰。张英看完家书后，并不赞成家人为争夺地界而惊动官府的行为，于是便提笔在家书上批诗四句："千里修书只为墙，让他三尺又何妨。万里长城今犹在，不见当年秦始皇。"寥寥数语，寓意深长。家人接到回信后，深感愧疚，便毫不迟疑地让出了三尺地基。吴家见状，觉得张家有权有势，却不仗势欺人，被"宰相肚里能撑船"的大度所感动，于是也效仿张家向后退让了三尺地基，便形成一条六尺宽的巷道，被乡里人称为"六尺巷"。

一封家书，化解了两家的邻里之争，张吴两家的礼让之举也传为美谈。

栖鸾主簿仇览

东汉末年，河南开封出了一位德才兼备的人物，名叫仇览。他沉默寡言，虽有大才却鲜为人知，在四十岁时才做了一个亭长（负责当地治安警卫及相关民事的官员）。官职虽小，仇览却展露出了过人的才干：他带领百姓种田植树，养殖禽畜，使得当地物产富足起来。他还给那些无所事事的人找到合适的工作，避免他们惹是生非。另外，他积极推行教育，使人们的文化水平、道德修养都有所提升。所以当地民风良善，呈现出一派欣欣向荣的景象。

仇览初任亭长时，当地有一个名叫陈元的人，和母亲住在一起，却不孝顺母亲，母子间关系很不和睦。有一次，他和母亲发生争吵，母亲一气之下就向仇览告状，说儿子不孝。在古代，不孝是一项很重的罪名，仇览对此非常重视。听完陈元母亲的讲述，仇览和蔼地说："我曾从您家门经过，看到您家里房舍整洁，田里庄稼也都生长得很好。就此看来，陈元持家还是很勤劳的，并不是一个坏人，也许是因为缺少教育才导致他有不孝的行为。您守寡多年，含辛茹苦把儿子抚养成人，他是您的希望，也是您的依靠，如今您却因一时之气状告他不孝。如果我让你们母子公堂相见，无论您告状是否成立，对彼此都是一种很大的伤害，这样恐怕不好吧？"陈元的母亲听后，也觉得自己是一时气过头了，很是后悔，便流着泪回去了。

劝走陈元的母亲，仇览并没有草草了事。他随后亲自到陈元家里拜访，向陈元讲述孝道，规劝他孝敬母亲，同时尽力调和母子间的矛盾。在仇览的苦心规劝之下，陈元对母亲的态度大为改善，后来成为乡里有名的孝子。

仇览不用惩罚而是用教育改变了陈元，这样的做法得到乡人的一致称赞，名声传到了当地县令王涣那里，于是王涣提拔仇览做自己的主簿（相当于现在的办公室主任）。他对仇览教化百姓的执政理念非常欣赏，说："荆棘不适合鸾凤栖息，这小小县城也不是您这样的贤人久居之处，您应该有更远大的前程。"于是王涣举荐仇览进入太学（当时的最高学府）深造，并用自己的俸禄资助他。这件事后来传为美谈，人们送了仇览一个雅号——栖鸾主簿，这个名号也用来称赞那些善于实施教化，引导民众为善的官员。

封侯非我意，但愿海波平

14世纪初，日本进入南北分裂时期，封建诸侯割据，争权夺利。一些在战争中失败的封建主，就组织武士、商人和浪人到中国沿海地区进行武装走私和抢劫烧杀的海盗活动，历史上把这些人称为"倭寇"。明初开始，倭寇对中国沿海进行侵扰，从辽东、山东到广东漫长的海岸线上，岛寇倭夷，到处剽掠，沿海居民深受其害。至明代嘉靖年间，倭寇活动更加猖獗，并与中国海盗相勾结，对闽、浙沿海地区侵扰加剧。

戚继光出身将门，受父亲教育影响，从小喜爱军事，并立志做一个正直的文武全才的军人。戚继光十分痛恨倭寇的暴行。16岁时，他曾经写下一首诗，其中有"封侯非我意，但愿海波平"的句子。意思是，做官封爵并不是"我"的愿望，"我"的愿望是祖国海疆的宁静和平。17岁时，戚继光继承父亲的职务，开始了金戈铁马的军事生涯。戚继光后来组织训练了一支三千多人的新军。他治军有方，教育将士要杀贼保民。严格的军事训练使得新军将士英勇善战，屡立战功，被誉为"戚家军"。

嘉靖四十四年（1565年），戚继光又与另一抗倭名将俞大猷会师，歼灭入侵广东的倭寇，至此东南沿海倭患完全铲除。戚继光所展现的爱国情怀和非凡气魄，永载史册。

冯谖买仁义

战国时齐国的孟尝君有许多门客，其中有一位叫冯谖。有一次，冯谖到薛城去为孟尝君收债。他看到当地老百姓生活贫困，难以收回债款，便假传孟尝君的命令，烧掉借约，百姓齐声欢呼万岁。

冯谖回来见孟尝君。孟尝君得知债款没收回来，很不高兴。冯谖对他说："您的府里堆满了珍宝，什么也不缺，但只缺一样东西——仁义。如今您只有薛这个封地，却不能爱护那里的百姓，反而向百姓收取利息，这是不够仁义啊。我私传您的命令，把借约烧了，这就是我给您买的'仁义'啊。"

后来，孟尝君避难到了薛城。走到离薛城还有一百里的地方，百姓扶老携幼，在大路上迎接孟尝君。孟尝君回头对冯谖说："先生替我买的仁义，今天终于看到了。"

千古佳话将相和

战国时期，赵国有一个人叫蔺相如。他是一名出色的外交人才，在赵国与秦国的交往中为维护赵国尊严立下了大功，因而获得上卿的官职，级别和地位都是最高的。赵国另有一员老将名叫廉颇，能征善战，他认为蔺相如是靠嘴皮子爬到了自己头上，很不服气，就总想找机会让蔺相如下不来台。蔺相如听说以后，就一直躲着廉颇。

蔺相如对廉颇就像老鼠见猫一样，手下的人都很不理解，抱怨他太胆小了。蔺相如耐心地对他们说："诸位请想一想，廉将军和秦王比，谁厉害？"他们说："当然秦王厉害！"蔺相如说："秦王我都不怕，会怕廉将军吗？大家知道，秦王不敢进攻我们赵国，就因为武有廉将军，文有蔺相如。如果我们俩闹不和，就会削弱赵国的力量，秦国必然乘机来攻打我们。我之所以避着廉将军，为的是我们赵国啊！"

蔺相如的话传到了廉颇的耳朵里。廉颇静下心来想了想，觉得自己为了争一口气，就不顾国家的利益，真不应该。于是，他脱下战袍，背上荆条，到蔺相如府上请罪。蔺相如见廉颇来负荆请罪，连忙热情地出来迎接。从此以后，他们俩成了好朋友，同心协力保卫赵国。

以善待盗

淳于恭，字孟孙，东汉末年北海淳于（今山东安丘）人，其家有山田果木，较为富裕。东汉末年，战乱不断，自然灾害频频发生，很多村子闹饥荒。因此，经常有人去淳于恭家田地里偷摘果实和偷割庄稼。

淳于恭知道这些人都是因为实在活不下去了才这样做的，非常同情他们，所以对他们采取了宽容的态度。当他看到有人偷偷到他家田里割庄稼，担心他们被人发现会感到羞愧，就趴伏在草丛中，等割庄稼的人离去后再站起来。

淳于恭不仅把自家地里的果实庄稼分给别人，还引导人们开荒种地。当时很多人认为战乱不止，自家性命能否保得住都很难说，所以也就放弃了耕种。淳于恭却对乡人说："纵我不得，他人何伤！"意思是：就算到时自己死了，不能继续使用，那留给别人享用，又有什么关系呢？他豁达的心胸感动了乡民，在淳于恭的引导下，人们改变了在战乱中因生命难保不愿意耕种的想法，努力开荒耕种，终于战胜了灾荒。

随着灾荒过去，当地的风气也渐渐好转，不仅偷盗果实庄稼的现象消失了，连那些偷盗财物的案件也大大减少了。

淳于恭病逝后，朝廷在其家乡树碑以表彰和纪念他。

羊祜令敌心悦诚服

羊祜是魏晋时著名的政治家、军事家。他外表英俊、举止潇洒、博学多才，有远见卓识，再加上为人清正、品德高尚，堪称完美人物。

晋武帝司马炎即位以后，迫切想要吞并东吴。当时，晋吴间的边界线以荆州为最长，所以那里是晋吴战争的关键地区。羊祜是晋武帝最信任的能臣，所以被调任为荆州诸军都督。

羊祜对晋吴战争的大局认识得非常透彻。他深知东吴占据了长江天险，拥有地理优势，而且有陆抗这样的优秀将领作为统帅，所以扫平东吴不能操之过急，要稳扎稳打，而且必须让东吴百姓心悦诚服。因此，羊祜对东吴百姓与军队非常讲信义。每次和吴军交战，羊祜都预先与对方商定交战的时间，从不搞突然袭击。有部下在边界抓到两位吴军将领的孩子，羊祜知道后，马上下令将孩子送回。后来，吴将夏详、邵颉等前来归降，那两位少年的父亲也率其部属一起来降。羊祜的部队行军路过吴国边境，收割田里稻谷以充军粮，每次都要根据收割数量用绢偿还。打猎的时候，羊祜约束部下，不许越过边界线。如有野兽先被吴国人所伤而后被晋兵获得，他都下令送还对方。羊祜的这些做法让吴人心悦诚服，对他从不直呼其名，都尊称他为"羊公"。

陆抗很清楚羊祜这些做法的目的和效果，他也要求部下注重道义。因此，在很长的一段时间里，晋吴两国的荆州边界线处于和平状态，双方甚至常有使者往还。陆抗还称赞羊祜的德行、度量丝毫不逊于乐毅和诸葛亮这样的贤臣。有一次陆抗生病，病情非常严重，羊祜听说后，马上派人送来配制好的丸药。吴将怕其中有诈，劝陆抗勿服，陆抗却说："羊祜怎么会是下毒暗算的小人呢！"他毫不迟疑地服下送来的药，果然很快就痊愈了。

羊祜不是为收买人心才讲信义，而是一向清正廉洁，虚怀若谷。他处事公正，每次因为立功受到朝廷奖赏时，都一再推辞，朝野上下对他都交口称赞。他病逝以后，襄阳百姓为纪念他，特地在他生前喜欢游玩的岘山建庙立碑，名为"晋征南大将军羊公祜之碑"，简称羊公碑。此后每逢祭祀时节，周围的百姓都会祭拜他，常常睹碑生情，莫不流泪，羊祜的继任者、西晋名臣杜预因此把它称作"堕泪碑"。

春风化雨

北朝时期的李士谦，幼年丧父，以事母孝顺闻名。他家庭富有，但崇尚节俭，为人慷慨，常周济百姓。州中有人家里有丧事无法安葬的，李士谦总是按照丧事的需要给予钱财。有户人家兄弟分家产不均匀，两人打官司。李士谦听说后，拿出自己的钱补给那个分得少的，让他和分得多的相同。兄弟二人都很惭愧，互相推让，后来也成为行善之人。

一次，有一头牛践踏了李士谦的农田，他把牛牵到阴凉处喂食，比牛的主人照顾得还要好。还有一次，李士谦远远地看见有个小偷在偷割他家的庄稼，他一句话也不说，反而避开了。他家里的仆人曾经抓到过一些偷庄稼的人，李士谦反而开导仆人说："这都是因为穷困逼迫的，不应该责怪他们。"于是放了他们。

有一年春荒，许多人家都没吃的了，李士谦拿出一万石粮食借给缺粮的人家。到了秋天又遇到年成不好，庄稼歉收。借了粮的人都请求延期偿还。李士谦说："我借粮给你们，是为了帮助大家渡过灾荒，不是为了求利。既然年成不好，借的粮就不用还了。"于是把那些欠粮的人请来吃饭，吃饭时当着大家的面烧毁全部借据。

冼夫人晓大义

冼英（512—602），是公元6世纪岭南地区的百越女首领，人称冼夫人。冼夫人请命于朝廷，在海南设置崖州，以有效地管辖海南岛全境，从此海南岛与祖国不再分离。

仁寿元年（601年），番州（今广州）总管赵讷贪赃枉法，残虐无度。当地俚僚民众忍无可忍，纷纷逃亡他乡，造成新的动乱。冼夫人掌握了赵讷的种种罪行后上书朝廷，向皇帝提出安抚逃亡民众和进一步治理岭南的具体意见。朝廷随即遣使者前往番州，查证了赵讷的枉法行为，追回了大批赃物。

与此同时，隋文帝又降敕书，任命冼夫人为朝廷特使，抚慰各州逃亡俚僚。

冼夫人接到敕书后，感到责任重大，90高龄的她拿着敕书，巡视岭南十余州。她安抚俚僚百姓，劝他们重返家园。各州俚僚对冼夫人诚恳耐心的开导十分感动，一致表示愿意听从冼夫人的劝导，以国家利益为重，忠心归顺朝廷。

冼夫人顺利完成使命后，再次受到隋文帝的嘉奖。

敢于直谏的魏徵

魏徵不但是一代良相，而且还是杰出的政治家、思想家和历史学家。辅佐唐太宗十七年，以"犯颜直谏"而闻名。他那种"上不负时主，下不阿权贵，中不侈亲戚，外不为朋党，不以逢时改节，不以图位卖忠"的精神，千百年来，一直为人所称道。

唐太宗常把魏徵召进宫内，叫他提些意见。一旦唐太宗有不对的地方，魏徵经常当面批评，甚至会弄得唐太宗下不来台。

有一次，唐太宗根据右仆射封德彝的建议，决定令18岁以上身体强壮还没有服役过的男子都去当兵。但魏徵不同意。

唐太宗问他："你不同意，有什么理由？"魏徵回答："臣作为谏议大夫，有义务向陛下指出，这样做违背了治国安民的方针。我朝开国后即立下'男子二十岁当兵，六十岁可免'的规定，怎么能随便改变呢？"

唐太宗非常生气，大声指责道："你太固执己见！"魏徵毫不退让，语重心长地说道："陛下！把河水放光捕鱼，确实能捕到许多鱼，但明年就没有鱼了；把森林烧了打猎，确实会打到许多猎物，但明年就没有野兽了。如果把18岁以上男子都拉去当兵，今后国家的税赋徭役由谁来承担呢？"唐太宗这才幡然醒悟，收回了命令。

魏徵病逝后，唐太宗悲伤地说："一个人把铜当作镜子，可以照见衣帽是不是穿戴得端正；把历史当作镜子，可以知道国家兴亡的原因；把人当作镜子，可以发现自己做得对与不对。现在魏徵死了，我失去了一面珍贵的镜子。"

孔融让梨

孔融从小就懂事有礼貌。一天，有人给孔融的祖父送了一盘十分美味的酥梨。祖父让孔融来分梨。梨子有大有小，该怎么分呢？孔融先把最大的分给了祖父和父亲、母亲等长辈，剩下的梨子，又按大小分给自己的兄弟姐妹。剩下一个最小的，留给了自己。

祖父问他："为什么你把大的先给我们呢？"

孔融回答："我们做晚辈的，应该孝敬你们。"

祖父又问："那兄弟姐妹当中，为什么你给自己留最小的一个呢？你不喜欢吃梨吗？"

孔融摇摇头说："梨子很甜，我当然爱吃。可是哥哥姐姐比我年长，我应该尊敬他们；弟弟妹妹比我年幼，我应该疼爱他们。所以，大的应当先给兄弟姐妹们吃，我吃最小的。"

刻木事亲

丁兰，相传是东汉时期河内（今河南黄河北）人，幼年父母双亡。他感念父母的养育之恩，于是用木头刻成双亲的雕像，侍奉他们有如在世之时：凡事都和雕像商议；每日三餐敬过父母之后自己才食用；出门前一定禀告，回家后一定及时拜见，从不懈怠。

时间长了，丁兰的妻子对木像便不太恭敬了。有一天，她好奇地用针去刺木像的手指，木像的手指居然流出血来。丁兰回家见木像眼中垂泪，查问实情后，将妻子休弃。

后人赞扬说："刻木为父母，形容在日时。寄言诸子侄，各要孝亲闱。"

"刻木事亲"的故事虽然存在一定的封建迷信色彩，但丁兰对父母的怀念和孝敬之心是值得肯定的。

民族英雄邓世昌

邓世昌是晚清著名海军将领。他年少时随父移居上海，向西方人学习算术、英语。1868年，他以优异的成绩考入福州船政学堂学习航海，毕业后在海军中任职，担任"致远"号巡洋舰管带（即舰长）。

1894年9月17日，在中日黄海大战中，邓世昌指挥"致远"舰作战，在敌舰围攻下，"致远"舰受损严重，炮弹也打光了。邓世昌对部下说："我们从军卫国，早将生死置之度外，现在就是我们报国的时刻！"

邓世昌下令开足马力向日舰冲击，准备与敌同归于尽，这时，一发炮弹击中"致远"舰，舰上鱼雷发生爆炸，导致"致远"舰沉没。全舰大部分官兵牺牲。邓世昌坠海后，随从抛给他救生圈，他执意不接，爱犬"太阳"飞速游来，衔住他的衣服，他含泪将爱犬按入水中，一起沉入碧波，献出了宝贵的生命，享年45岁。

苏武不辱使命

苏武是西汉人。当时汉朝与匈奴之间关系极不稳定，时战时和，匈奴经常扣留汉朝使节作为人质，汉朝也经常扣留匈奴使节，作为回应。汉武帝天汉元年（前100年），匈奴发生政权更替，新单于（匈奴最高首领的称号）即位后，放回了之前扣留的全部汉朝使节。为了答谢对方的善意，汉武帝派苏武携厚礼出使匈奴，送还匈奴使节。

领命之后，苏武带着副手张胜、常惠以及一干随从出发了。到了匈奴领地之后，苏武转达了武帝的善意，也奉上带来的厚礼。完成使命之后，苏武想及早返回朝廷复命。不料，匈奴内部又发生了变故，而且涉及苏武的使节团。

原来，苏武的副手张胜秘密资助一个叫虞常的人刺杀匈奴重臣卫律，结果虞常失败，把张胜也供了出来。单于让卫律召苏武等人接受审讯。苏武不愿受辱，拔出佩刀自刺，受伤很重，好不容易才抢救过来。单于钦佩苏武的节操，只把张胜监禁了起来，还派人探望苏武的伤势。

苏武伤势渐渐痊愈，单于派使者通知苏武一起来审问虞常，想借这个机会迫使苏武投降。审讯完毕，卫律当着苏武的面斩杀了虞常，然后举剑要击杀张胜时，张胜投降了。卫律乘机对苏武威逼利诱，可不论是以死亡威胁还是许以高官厚禄，苏武都毫不动心。

卫律对苏武无计可施，只好报告了单于。单于看重苏武的气节，更加想要他投降，于是把苏武囚禁在大地窖里面，不给他饮食，想用饥渴磨损他的意志。苏武在地窖里把积雪和毡毛一起吞下充饥，始终不屈。匈奴又把苏武押解到北海边（今俄罗斯贝加尔湖一带）荒无人烟之地，让他牧羊，说等到公羊生了小羊就放他归汉。

苏武被押解到北海后，粮食运不到，只能掘取野鼠所储藏的野果来吃。即便在如此艰苦的环境中，他也记挂着自己的使命，日夜手持象征使臣身份的节杖。节杖因日久年长，杖上的牦牛尾毛全都脱落了。

又过了好多年，汉武帝去世，汉昭帝登基，和匈奴达成了新的和议，双方关系有所缓和。后来，又有汉使到了匈奴，留在匈奴当奴隶的常惠想办法偷偷见到了汉使，告诉了他们苏武还活着的消息。于是汉使对匈奴单于说："大汉天子在上林苑狩猎，射得一只大雁，脚上系着帛书，上面说苏武等人在北海。"单于十分惊讶，只好向汉使道歉，答应放苏武等人回去。这也是"鸿雁传书"典故的由来。

单于答应放还苏武时，他已经在匈奴被扣留了19年！由壮年到老年，苏武的忠贞节操却一点也没有改变，千百年来为人所钦佩景仰。

许穆夫人救国

许穆夫人是春秋时期卫昭伯的女儿，嫁与许国国君许穆公为夫人。前660年，狄人侵卫。国君卫懿公是个沉醉于声色犬马的昏君。当狄兵进犯，他欲征调民众抵抗时，将士不肯为他出征，老百姓不愿为他卖命，致使狄兵如入无人之境，卫国很快灭亡了。狄人在卫国烧杀抢掠，将卫国变成了人间地狱。许穆夫人听到卫国国破君亡的噩耗之后，痛彻肺腑。她请求许穆公援救卫国，许穆公怕引火烧身，不敢出兵。

许穆夫人就带领当初随自己嫁到许国的几位姐妹赶赴漕邑，与逃到那里的卫国公室和哥哥卫戴公相见，商议复国之策，并向各国诸侯发出了求援信。

不久，齐桓公收到了许穆夫人的求援信，即著名的诗歌《载驰》，他仰天叹道："卫之亡也，以为无道也。今有女若此，不可不存！"他派公子无亏率战车三百乘，甲士三千名，击退狄兵，帮助卫戴公兄妹重建家园。从此，卫国出现了转机，恢复了它在诸侯国中的地位，并一直延续了四百多年之久。

天日昭昭

南宋初年，金军多次南下，给南宋百姓带来深重的灾难，一些主战派将领坚决抗击金兵。南宋的四大名将（岳飞、韩世忠、张浚、刘光世）中，岳飞是最著名的一位。他所率领的"岳家军"因纪律严明、战功显赫，深受百姓爱戴，成为南宋抗金斗争的中流砥柱。

岳飞率领岳家军同金军进行了大小数百次战斗，先后收复郑州、洛阳等地，又于郾城、颍昌大败金军，进军朱仙镇（在开封附近）。岳飞根据中原战场的大好形势，上书高宗，准备全线进攻，渡河以光复失地，迎回被俘虏的徽宗和钦宗。然而宋高宗只求抵挡住金军的进一步南侵，偏安一隅，保住自己的皇位。所以不仅不同意岳飞的要求，反而下令各路宋军班师回朝，使岳家军处于孤军无援的境地，接着又连发十二道金牌，强令岳飞退兵，致使"十年之功，废于一旦"。

1142年1月27日，赵构、秦桧之流终以"莫须有"的罪名将岳飞父子及部将张宪杀害，当时岳飞年仅39岁。岳飞临刑前在狱案上挥笔写下"天日昭昭、天日昭昭"八个大字，表达了对无法收复失地的愤懑之情。

后记

　　本书是《中华传统文化经典教师读本：孝经》的配套诵读本，由《孝经》导读、《孝经》诵读全文、《孝经》简注释译，以及经典故事链接四部分组成，希望为广大中小学师生及传统文化爱好者提供较为权威的《孝经》诵读本。由于时间仓促和学识所限，其中或许有不妥之处，敬请识者批评指正！

舒大刚记

2018.7.19凌晨